아임 파인

아임 파인

자폐인 아들의 일기장을 읽다

엄마 이진희
아들 김상현

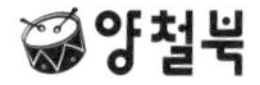

읽어두기

김상현 군의 일기는 오탈자를 그대로 두어 원문을 살리되,
가독성을 위해 띄어쓰기만 바로잡았습니다.

프롤로그

#1

2006년 3월 2일. 시리도록 파란 하늘에 빨강 노랑 초록 풍선이 높이 올라간다. 갓 입학한 꼬맹이들 사이에서 유난히 눈에 띄는 아이. 귀를 막고, 불안한 눈빛으로 혼잣말을 중얼거리며, 고삐 풀린 망아지처럼 이리저리 뛰어다닌다. 김상현이다.

초등학교 입학식 날 나는 고등학교 졸업을 걱정했다. 초등학교 6년, 중학교 3년, 고등학교 3년……. 아! 언제 이 긴 터널을 지나가나? 과연 무사히 지나갈 수 있긴 할까?

#2

멀리 빗소리에 눈을 뜨고 머리맡 휴대전화를 본다. 2021년 2월 1일

6시 30분? 상현이는 조금 있다 출근해야 한다며 샤워하고 있다. 아직 꿈을 꾸고 있나……. 현실처럼 느껴지지 않는다.

끝날 것 같지 않던 12년, 나와 아이는 어느새 그 긴 터널을 지나왔다. 막연하고 어려운 날도 많았지만 하루하루 타박타박 걷다 보니 거짓말처럼 오늘이 왔다.

김상현
연구원/DS1팀
SangHyun Kim
Researcher/Data Service 1Team

아이의 명함이다. 봐도 봐도, 또 봐도 좋다.

무표정한 얼굴, 불러도 대답조차 하지 않던 아이. 손을 놓으면 튕기듯 나가 차도든 인도든 상관없이 달려드는 아이. 한겨울에도 한 치 망설임 없이 바다에 뛰어들고, 높은 곳을 좋아해서 에어컨 꼭대기에 올라가 앉아 있던 아이.

그 말썽꾸러기가 아침 일찍 일어나 샤워를 하고, 지하철을 타고, 사무실에 들어가 컴퓨터를 켜고, 메일로 작업 지시를 받고, 업무를 본다. 점심시간이면 마음에 드는 메뉴를 골라 먹고, 퇴근길 편의점에 들러 간식을 한두 개 사서 행복한 표정으로 퇴근한다.

아이가 안정적으로 직장에 적응하자 나도 마음의 여유가 조금 생겨 자꾸만 지난 일들을 돌아보게 된다. 앨범을 꺼내 보기도 하고, 아이의 일기장을 찬찬히 읽어 보기도 한다. 엊그제 있었던 일처럼 생생한 기억들이 십수 년 전 일기장에 기록되어 있다. 그 긴 여정이 어제 일 같기도, 까마득하기도 하다.

그 시절의 나를 돌아보면 정말 말 그대로 초보 엄마였다. 내가 뭘 모르는지조차 모르는 왕초보. 그런데 아이가 자폐성 장애라고? 2급은 또 뭐야? 생소하기만 했다. 이런 건 영화에만 나오는 얘기 아닌가?

너무 혼란스럽고 뭐가 뭔지 모르겠는데, 아이가 왜 이런 행동을 하는지 나도 묻고 싶은데, 세상은 나에게 다 알아야 한다고 했다. 엄마니까……. 그러니 그래야 하는 줄 알았다. 자꾸만 죄책감이 들었고, 아이에게 미안했고, 불투명한 미래 때문에 불안했다. 그런데 그럴 필요가 없었다. 모르는 게 당연했고, 아이에게 미안해할 필요도 없었다.

최선을 다한다고 했지만, 실수도 시행착오도 아찔한 순간도 많았다. 어느 책 제목처럼 지금 알고 있는 걸 그때도 알았더라면. 내가 "상현이를 다시 키우면 훨씬 잘 키울 수 있을 것 같아" 하니, 후배 엄마가 "언니, 그럼 우리 애 좀 키워 줘" 한다. 헉! 그건 좀……. 하하하. 내가 대신 키워 줄 수는 없지만, 아이를 키우면서 내가 저지른 실수와 경험 들이 누군가에게 조금이라도 도움이 된다면 기꺼이 나누고 싶다.

상현이의 낡은 일기들이 지난 세월의 기억을 더 선명하게 해 주었고,

일기를 읽으면서 그 당시의 상현이를 인제 와서 이해하게 되었다. 그때는 다 안다고 생각했었는데 아니었다.

아이가 처음 진단을 받았을 무렵 사촌동생 결혼식에 참석했다. 모처럼 친척들도 만나는 자리니 설레기도 했던 것 같다. 예식이 끝나고 식당에 들어서는 순간, 내 품에 안겨 있던 상현이가 발버둥 치며 자지러졌다. 깜짝 놀라 밖으로 나오면 뚝 그치고, 괜찮은가 해서 한 발짝 들어서면 또 불에 덴 듯 운다. 아이의 장애를 알게 된 지 얼마 안 되었을 때라 의욕만 넘쳤던 나는 아이의 행동에 이유가 있으리란 생각은 해 보지도 않고, '이런 건 극복시켜야 해! 여기서 내가 지면 안 돼!' 하는 근거 없는 확신을 가지고 아이를 꽉 안고 다시 식당 안으로 들어섰다. 그 순간, 이번엔 발버둥 정도가 아니라 아예 팔에서 빠져나가 밖으로 쏜살같이 달아나서 바닥에 나뒹굴며 예식장이 떠나가라 울었다.

10년 정도 지나고 상현이가 중학교에 들어갔을 즈음, 템플 그랜딘이 쓴《나는 그림으로 생각한다》라는 책을 읽으며 나는 그제야 그날의 이유를 미루어 짐작하게 되었다. 자폐성 장애인인 템플 그랜딘은 자동문 통과하는 것을 두려워했는데, 자동문이 작두를 연상시키기 때문이었다. 그 문장을 읽고 생각해 보니, 내 팔에 안겨 있던 어린 상현이는 식당에 깔려 있던 붉은 카페트를 불이라고 생각했던 것 같다. 엄마가 자기를 불구덩이 속으로 안고 들어간다고. 그래서 한 발짝만 나오면 거짓말같이 뚝 그치고, 다시 한 발짝만 들어가면……. 그날 아이 때문에 내가 힘들었다고 생각했는데, 사실은 아이가 나 때문에 힘든 하루였다.

아이의 장애를 극복시키고자 했던 나는 그 이후로도 같은 실수를 반복했다. 놀이동산에 가면 싫다는 아이를 붙잡고 억지로 태웠고(놀이기구 무서워하는 게 장애와 무슨 관련이 있다고……) 미용실에 가는 걸 그렇게 싫어하는데도 미용실에서 억지로 머리를 깎으라 했다. 스무 살이 넘은 지금도 놀이동산에 가면 회전목마나 범퍼카를 타는 정도다. 이발도 초등학교 고학년이 되어서야 겨우 미용실에서 하기 시작했다. 비장애인들도 한번 생긴 트라우마를 극복하기 위해서는 많은 시간과 노력이 필요한데, 자폐인인 상현이는 더 긴 시간과 노력이 필요했다.

유치원 하원 길에 옆에 있던 엄마가 "○○야, 오늘은 점심 뭐 먹었어?" 라고 하니 아이가 점심 메뉴를 줄줄이 이야기했다. 그게 너무 부러웠다. "상현아 오늘 점심 뭐 먹었어?" 나도 한번 물어봤다. "상현아 오늘 점심 뭐 먹었어?" 상현이가 답했다. 그 시절 상현이는 반향어(反響語)밖에 할 줄 몰랐다. 앵무새같이 상대방이 하는 말을 반복할 뿐이었다. 그래서 급식표를 보고 내가 대답까지 하기로 했다.

엄마: 상현아 오늘 점심 뭐 먹었어?

상현: 상현아 오늘 점심 뭐 먹었어?

엄마: 밥, 미역국, 불고기, 김, 김치 먹었어요.

상현: 밥, 미역국, 불고기, 김, 김치 먹었어요.

그렇게 반복하던 어느 날, 정말 놀랍게도 아이가 그날 먹은 메뉴를 스스로 이야기했다. 와, 이런 날이 오다니. 너무 신기하고 신이 났다. 그래서 매일매일 물었다. 그랬더니 어느 날 그런다. "밥, 된장국, 소시지…… 등등." 뭐? 등등? 하하하. 등등이라고? 녀석 어지간히 귀찮았나? 너무너무 기뻤다. 등등이라니, 드응 드응이라니…….

아이가 자라면서 최소한의 의사소통은 가능해졌다. 대답을 못 하면 1번, 2번 선택지를 주거나 O나 X로 답하라고 하면 그럭저럭 소통할 수 있었다. 그러다 벽에 부딪힌 게 '왜?'였다. 이유, '왜?'에서 막혔다. 1, 2, 3번으로 예시를 주고 그 가운데서 답을 고르게도 해 봤는데, '왜'의 의미를 깨닫게 하기에는 역부족이었다. 그래서 스프링노트 한 권을 샀다. 한쪽에는 질문을, 다른 한쪽에는 그 질문에 대한 대답을 적기 시작했다. 그냥 생활 속에서 일어나는 상황을 생각해서 아무 말이나 적었다. 예를 들면,

"엄마 밥 주세요."
"왜?"
"왜냐하면 배가 고프니까요."

"엄마 마트 가요."
"왜?"
"왜냐하면 마트에는 맛있는 게 많으니까요."

"상현아 일찍 자야지."

"왜요?"

"왜냐하면 내일 아침 일찍 학교에 가야 하니까."

이런 식이다. 짙은 사인펜으로 큼직하게 써서 눈에 쏙 들어오게 하고 '왜?'에는 형광펜으로 밑줄을 그었다. 이렇게 만든 수십 가지의 '왜'를 가지고 매일매일 역할을 나누어 읽어 보았다. 노트가 너덜너덜해질 무렵, 상현이가 "엄마 ○○문고 가요"라고 했을 때 "왜?" 하고 물었다. 아이는 노트에 적혀 있는 대답을 그대로 이야기했다. "왜냐하면 ○○문고에는 내가 좋아하는 책도 많고, 장난감도 있으니까요." 처음에는 어색하게 노트에 적힌 대답만 했지만, 시간이 지나면서 점차 자연스러워졌고, 차츰 노트에 적혀 있지 않은 다른 이유도 이야기하게 되었다.

살다 보면 내키지 않아도 아이의 장애를 말해야 하는 순간이 온다. 말하지 않으면 거짓말이 되어 버리는 그런 애매한 상황이. 그런 순간이 언제 갑자기 올지 모른다는 생각을 하니, '이렇게 말하는 게 좋을까? 저렇게 말하는 게 자연스러울까?' 생각이 꼬리에 꼬리를 물어 잠을 설치기도 한다.

상현이 위로 두 살 터울의 형 재현이가 있다. 말이 두 살이지 20개월 차이도 나지 않는 형이다. 형 학부모 모임에서 늘 걱정하던 그 순간이 오고야 말았다. 하필 형과 관련된 자리라 혹 형에게 피해가 갈까 내심 더 조심스러웠다.

최대한 자연스럽게, 연습한 대로, 아주 잘 얘기했다고 생각했는데……. 찬물을 끼얹은 듯 조용하다. 아무도 선뜻 뭐라 입을 떼지 못한다. 섣부른 위로가 오히려 상처가 될까 조심스러웠겠지. 백번 이해한다. 발달장애라는 게, 참 보통 일이 아니긴 한가 보다.

하나하나 가르치고 배워 옳고 그름의 판단은 어느 정도 하게 되었을 무렵, 이번엔 너무 원칙적이고 융통성 없는 것이 문제가 되었다. 중학교 때 반 친구들이 욕을 했던 모양인지, 상현이가 친구들을 따라다니며 그러면 나쁜 학생이라고 참견했다고 한다. 담임 선생님께서 반 친구들을 단체로 혼낼라치면 "선생님 왜 화내요? 스마일 해야죠!" 하면서 자기가 더 큰소리를 치니 아이들은 킥킥거리고 담임 선생님은 당황하셨다고도 한다. 고등학교 때는 수업 시간에 자는 친구를 다 깨우질 않나, 휴대전화를 하는 친구를 일러 친구 휴대전화를 한 달 동안 압수당하게 하질 않나……. 정작 고3 때 본인도 휴대전화를 압수당한 적이 있었는데, 세상이 무너진 표정을 하고 다녔다. 상현아, 세상은 동화 속이 아니란다. 이런 융통성은, 눈치는 또 어떻게 가르쳐야 하나? 가르치면 되긴 할까? 산 넘어 산이다.

상현이를 키우면서 여러 일을 겪고, 아프고, 상처받고, 치유되면서 나는 조금씩 성숙한 어른이 되어 간다. 철모를 때는 나쁜 일들은 다 나를 비

껴가는 줄 알았다. 아이를 키우면서 내가 제일 크게 깨달은 건, 세상 모든 일에서 나도 예외일 수 없다는 사실이다. 뉴스에 나오는 모든 일이 나에게도 일어날 수 있다는 당연한 이치 말이다.

자폐성 장애인 아들을 키울 확률이 몇 퍼센트나 되겠는가? 예전에 나는 영화 〈레인맨〉에서 더스틴 호프먼이 연기한 자폐인 레이먼드가 천재인 듯 멋있다고 생각하기까지 했다. 참 철딱서니가 없어도 너무 없었다. 초등학교 때 특수학급 친구가 다른 친구를 때렸다는 얘기를 듣고, 안타까운 마음에 "아이고 왜 그랬대. 그러지 말지……" 했는데, 며칠 뒤 상현이가 그 비슷한 일을 저질렀다. 생전 그러지 않던 아이가 말이다. 내가 한 말 이면에 '왜 그랬대. 우리 상현이는 그러지 않는데……'라는 자만의 마음이 있었던 게 아닐까? 반성하게 되고 말조심하게 된다. 이렇듯 상현이가 나를 가르치고 철들게 한다.

자폐성 장애가 있는 아이들은 전반적으로 발달이 늦고 한계가 있다. 어릴 때는 비장애 친구들과 차이가 아주 크게 느껴지진 않지만, 한 살 한 살 학년이 올라갈수록 그 폭은 더 커진다. 하지만 우리 아이들이라고 해서 발전하지 않는 것은 아니다. 눈에 보이지는 않지만 조금씩 하루하루 성장한다.

의사 선생님들은 일정한 나이가 되면 성장이 멈추듯 뇌의 발달도 그러해서 한 살이라도 어릴 때 더 가르쳐야 한다고 했다. 맞는 말이기도 하고 틀린 말이기도 하다. 성인이 되어서도 꾸준히 배우고 연습하고 경험하면 아이는 조금씩 조금씩 발전한다. 비장애인도 평생학습을 하는데, 발달장애인에게는 더 당연한 이야기 아니겠는가? 나는 '뇌가소성'을 믿는다. 그것이 내가 아이와 끊임없이 무엇인가에 도전하는 이유다. 분명 초등학생, 중학생, 고등학생 김상현이 다르고, 사회인 김상현이 다르다.

상현이가 어렸을 때 나는 어른이 된 아이의 모습을 상상할 수 없어 몹시 막연하고 불안했다. 그런데 막상 아이가 학교를 졸업하고 직장 생활을 시작하니 어쩐지 공허한 마음이 들기도 한다. 그러다 문득, 이제 또 다른 시작이란 걸 깨달았다. 결승선을 넘은 줄 알았는데, 다시 출발선에 선 것이다.

인생을 흔히 마라톤에 비유한다. 페이스메이커로서 상현이의 인생 제2코스를 함께 달릴 나는 다시 운동화 끈을 단단히 매어 본다.

1장 대충이 없는 세계

어릴 적 상현이는 표정이 없는 아이였다. 거의 무표정이고, 그나마 지을 수 있는 표정은 손가락으로 셀 정도였다. 어느 날부터 우리는 '표정 공부'를 시작했다. 둘이 같이 거울을 보고, 웃고, 화내고, 기뻐하고, 찡그리고, 슬퍼하고, 미안해하고, 억울해하고, 피곤해하고……. 웃는 것도 여러 종류가 있다. 좋아서, 반가워서, 기뻐서, 미안해서, 흐뭇해서 짓는 웃음들. 나는 아이 표정이 몇 가지에 국한되지 않고 다양하고 복합적이길 바랐다. 우리는 표정들을 그려 보기도 했다. 주로 그림책을 펼쳐 놓고 책 속에 나오는 표정들을 따라 그렸다. 이렇게 연습한 효과라고만 하기에는 무리가 있겠지만, 상현이는 차츰 전보다 더 다양하고 자연스러운 표정을 짓게 되었다. 시간이 더 지나면 "아아, 웃고 있어도 눈물이 난다" 같은 복잡 미묘한 표정을 짓는 날이 올까?

상현이는 상식도 가르쳐야 아는 아이였다. 비장애 아이들은 나이가 들면 저절로 알게 되는 그런 상식들. 할아버지, 할머니, 고모, 이모, 사촌동생 등 이름은 물론 관계도 일일이 가르쳐야 알았다. 내가 조카 이름을 붙여 내 동생을 '민주 이모'라고 불렀더니, 상현이는 이모 이름이 민주인 줄 알고 있었다. 관계도 마찬가지였다. "엄마의 엄마는?"이라는 질문에도 무조건 "이진희"라고 답했다. "아빠의 엄마는?"이라고 물어도 "이진희"라고 답했다. 그러니까 엄마라는 단어가 들어가면 무조건 내 이름을, 아빠라는 글자가 들어가면 남편 이름을 말하는 것이었다. 그래서 사절지에(이건 에이포 용지로 될 일이 아니었다) 가족 관계도를 그리고 알록달록 색칠까지 한 다음 잘 보이는 곳에 붙여 두고 수시로 물어보았다. "엄마의 엄마는?" "아빠의 부인은?" "아빠의 엄마의 남편은?" 아직 완벽하다 할 수는 없지만, 개념은 생긴 것 같다.

구구단을 배울 때도 그 이치를 전혀 이해하지 못했다. 그래서 등하굣길 차 안에서 구구단 노래를 틀어 놓고 계속 반복해 부르면서 외우게 했다. 완전히 다 외워서 아무 단이나 물어도 대답이 척척 나올 즈음, 주로 과자나 케이크 같은 것을 예시로 들면서 의미를 가르쳤더니 그제야 개념을 이해하는 듯했다. 어느 날 도서관에서 책을 네 권 빌려 오는데, 아이가 4 나누기 2는 2니까, 엄마 두 권, 나 두 권이라며 나눠 줬다. 나는 너무너무 기특하고 기뻤다. 그 가운데 두꺼운 책 두 권을 나에게 주었기 때문이다. 융통성이 생긴 건가? 하하하하.

이런 사소한 일에도 기뻐할 정도로 상현이는 융통성도, 사회성도 없었다. 사회성을 키우려면 무조건 데리고 나가야 한다고 생각해서, 다른 친구들이 코피 나게 공부하는 시험 기간이면 우리는 코피 나게 돌아다녔다. 딱히 오라는 데는 없어도 찾아보면 갈 곳은 많았다. 연습해 봐야 집에서 상상할 수 있는 상황에 한계가 있으니까. 하루는 "초코 아이스크림 한 개 주세요"라고 연습시킨 뒤 아이 혼자 아이스크림 가게에 들여보냈다. 잘하고 있나 문밖에서 지켜보고 있는데, 아이가 자꾸 나를 돌아보았다. 아이가 보니 점원도 나를 본다. 무슨 일인가 하고 들어가 보니 "컵에다 드릴까요? 콘에다 드릴까요?"에서 막힌 것이었다. 나도 미처 거기까지는 생각하지 못했는데. 이런 예상치 못한 상황이 셀 수 없이 많다. 표정도, 상식도 가르쳐야 하는 아이가 돌발 상황에 대처하게 하려면, 부딪쳐서 배우는 방법밖에 없다.

상현이는 '대충, 대략, 적당히'라는 개념도 없었다. 매사가 정확해야 했다. 그런데 우리가 사는 세상은 어떠한가? 대부분이 대충이고, 대략 판단하고, 적당히 알아서 해야 하고, 상황에 따라 달라지고, 더 줄 수도 있고, 조금 뺄 수도 있고……. 이렇게 어우렁더우렁 사는 세상이 융통성 없는 상현이에게는 가늠하기 힘든 혼란스러운 곳일 것이다.

처음 화장실에서 뒤처리 방법을 가르칠 때였다. 생각보다 빨리 익히고 깔끔하게 해서 다행이라고 생각했는데, 휴지를 한정 없이 풀어 쓰는 바람에 변기가 막히곤 했다. 그래서 여덟 칸만 쓰라고 정해 주었더니 본인은 그게 더 편했던 모양이다. 어느 날 화장실 문틈으로 "원, 투, 쓰리, 포……" 휴지 칸을 세는 상현이 목소리가 들렸다. 그 모습을 상상하니 어찌나 웃기던지, 재현이랑 한참 웃었다. 물론 지금은 소리 내어 휴지 칸을 세지도 않고 그때그때 그야말로 적당히 사용하는 것 같다. 본인에게 여덟 칸이라는 기준이 생겼기 때문에 그 기준을 중심으로 대략이라는 개념이 생긴 것이다. 그래서 나는 지금도 의식적으로 "2시쯤 갈까?" "서너 개만 줘" "그거 없으면 다른 걸로 사지 뭐" 이런 '대충의 말'을 일부러 하곤 한다. 나는 상현이의 정확함이 좋지만, 본인이 스트레스 덜 받고 어울려 살아가려면 이렇게 흐트러뜨리는 방법도 익혀야 한다.

2006년 6월 7일 수요일

〈태권도〉

태권도장에 갔어.

버스를 타고 가면 참 재미있어.

인사할 때도 '태권도!'라고 해.

우연한 기회에 태권도장을 다니게 되었는데, 상현이에게는 태권도를 배우는 즐거움보다 도복이 주는 으쓱한 행복과 셔틀버스 타는 재미가 더 컸다. 다른 친구들이 타는 모습만 보다가 처음 셔틀버스를 타니 무척 행복해했다.

2006년 6월 8일 목요일

〈비〉

비가 와서 운동장에 물이 고였다.

운동화를 신고 첨벙첨벙 놀았더니

엄마께서 화가 나셨다.

다음에는 장화 신구 놀아야지.

상현이는 어렸을 때부터 물을 유난히 좋아했다. 그런데도 아홉 살이 되도록 비 오는 날은 거의 집에만 있었고, 자기 손으로 우산 한 번 펴본 적이 없었다. 비가 온 뒤 드넓은 운동장에 군데군데 생긴 물웅덩이에서 해맑게 첨벙첨벙 노는 상현이……. 학교가 끝난 후에 치료센터 여기저기에 가야 하는데, 흙탕물 범벅이 된 아이를 보고 화가 났었나 보다. 그까짓 게 뭐라고. 역시 초보 엄마 맞네.

6 월 14일 수 요일

제목 : 비오는 날

오늘의 날씨

참! 잘했어요

비 가 많이 온다.

나는 비가 와서 기분이 좋다.

비 오는 날 장화를 신고 놀면 참 재미있어

2006년 6월 14일 수요일

<비 오는 날>

며칠 뒤 비가 또 온 날. 처음으로 운동장 물웅덩이에서 첨벙첨벙 놀게 놔두었다. 그런 상현이를 보고 있자니, 나도 어렸을 적에 비 오는 날 더 재미있게 놀았던 기억이 났다. 일기에는 비구름과 번개를 그려 넣었지만, 사실 상현이가 제일 무서워하는 것 중 하나가 천둥 번개다. 그런데도 굳이 그려서 나름 구색을 갖추려고 했나 보다.

2006년 6월 19일 월요일

〈불장난〉

재현이 아빠 라이터로 장난을 하다가 얼굴을 데었다.

불장난은 정말 위험하다.

상현이 형 재현이가 아빠 라이터로 장난치다가 얼굴을 데었다. 어처구니없게도 뜨거운 라이터를 얼굴에 갖다 댄 것이다. 만약 상현이가 그랬다면 '장애가 있어서……'라고 생각했을지도 모르겠다. 어느 날부터인지 아이의 행동을 자꾸 '장애'라는 색안경을 끼고 보는 나를 발견했다. 어쩌면 아이에 대해 가장 큰 편견을 가진 사람이 내가 아닐까 하고 반성했다.

2006년 6월 20일 화요일

<소와 개구리>

지은이: 이솝 이야기

엄마 개구리가 욕심을 부리다가 배가 뻥 터지고 말았답니다.

나도 욕심을 부리지 않겠습니다.

동화책에서 개구리 배가 뻥 터지는 장면이 재미있었는지, 동화책 속 아기 개구리처럼 한동안 아빠에게 배를 부풀려 보라고 떼를 쓰곤 했다.

기록한 날짜	2006년 6월 12일 (월)요일	권 수	
책이름	아리게의 외출	지은이	가셴 우스톤
읽기 시작한 날	월 일	다읽은 날짜	월 일
독서량		선생님 확인	

읽고나서

아리게는 모시보다 팔레트섬을 더 좋아했다 그래서 병이 났던 것 같다.

2006년 6월 12일 월요일

〈아리게의 외출〉

상현이는 악어가 주인공으로 나오는 동화책 《아리게의 외출》을 특히 좋아했다. 문득 건물 꼭대기에 매달린 아리게가 상현이 같다는 생각을 했다. 높은 곳을 좋아하는 것도, 저 불안했을 마음도…….

아이가 어느 날 뜬금없이 "엄마는 타임머신 타면 몇 살로 돌아가고 싶어요?" 하고 물었다. 자기는 세 살로 돌아가고 싶단다. 왜냐고 물으니 장난꾸러기 아기 상현이에게 "에어컨 위에 올라가면 위험해" 하고 이야기해 주고 싶다고 했다. 가끔 아이의 기억력에 깜짝깜짝 놀란다. 10년도 더 지난 이야기를 하면서 당시 본인이 왜 그랬는지 그 이유를 말해주며 반성하기도 한다. 놀랍기도 하고, 저 녀석이 나에 대해서는 뭘 기억하고 있을까 긴장도 된다. 참! 타임머신. '상현아 미안한데 엄마는 네가 세 살 때보다 훨씬 더 이전으로 돌아가고 싶어…….' 마음속으로만 대답했다.

2006년 7월 21일 금요일

〈달팽이〉

배 놀이터에서 달팽이 한 마리를 잡았다.

집에 가지고 와서 양배추를 먹였다.

그랬더니 기다란 똥을 누었다.

마트 한쪽 구석에 달팽이, 소라게, 거북이, 햄스터같이 작은 동물을 파는 가게가 있다. 날마다 그 앞에 쪼그려 앉아 구경하곤 했는데, 이날은 학교 놀이터에서 달팽이를 잡았으니 상현이로서는 횡재한 날이다. 상현이는 늘 작은 동물들을 키우고 싶어 했는데, 내가 용기를 내질 못했다. 정서적으로 좋다는 걸 알면서도 말이다.

2006년 7월 27일 목요일

〈서커스 공연〉

하루 종일 비가 와서 집에서 놀았다.

거실에서 서커스 놀이를 했다. 의자에 이불을 덮고 줄넘기도 묶었다.

정말 동물 친구들은 서커스 구경을 했다.

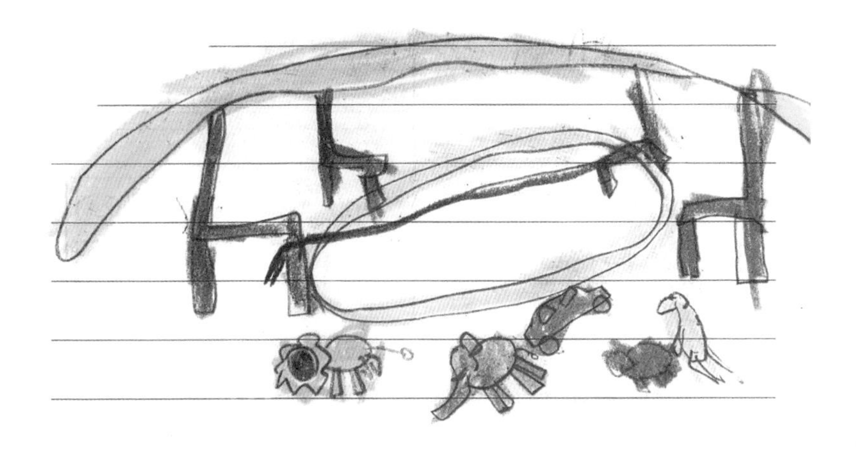

친구보다는 인형에 더 관심이 많았다. 식탁의자 네 개 위에 이불을 씌우고, 훌라후프로 서커스장을 만들어 그 안에 들어가서 한참 놀곤 했다. 나한테도 비슷한 어릴 적 기억이 있는데……. 역시 나를 닮은 게 분명해.

2006년 8월 1일 화요일

<두드러기 난 내 모습>

빨깐 달마시안 같다.

음식을 잘못 먹었는지 처음으로 온몸에 두드러기가 났다. 본인도 놀랐는지 주사는 안 맞는다는 다짐을 받아 내고 나서야 순순히 따라 나섰다. 의사 선생님을 보자마자 "저 빨간 달마시안이 됐어요" 하고 말했다. 의사 선생님은 박장대소.

2006년 9월 19일 화요일

<잡채>

오늘은 어떤 일이 있었나요?
보고 들은 일, 한 일, 칭찬받을 만한 일이나 반성한 일을 기록해 보세요.

급식실에서 울었다. 잡채가 먹기 싫어서 울었다. 조금 창피했다.
튼튼한 어린이가 되려면 골고루 먹어야 한다고 했다.

자폐 성향이 심했던 만큼 편식도 심했던 상현이는 손톱이 쪼그라들 정도로 영양결핍이었다. 새로운 음식은 먹어 볼 시도조차 하지 않으려고 했다. 어린이집을 다니면서 조금씩 좋아지기 시작했는데, 이를 보고 치료사 선생님들께서는 편식 습관이 없어지는 현상이 참 좋은 징조라고 하셨다. 마음의 문을 조금씩 여는 일이라고, 계속 도전하라셨다. 고기를 먹지 않던 아이가 고기도 먹고, 피자도 먹고……. 신나서 마구 먹였다. 그 가운데서도 유난히 떡볶이를 좋아해서 어린이집에서 돌아오면 자주 해 먹이곤 했다. 그러던 어느 날, 정말 매웠던지 119에 신고하고 말았다. 자기 입에 불이 났으니 꺼 달라고……. 소방서에서 다시 전화가 와서 사정 이야기를 하니 조심시켜 달라고 하셨다. 소방관분들께는 너무 죄송한데 사실, 그 상황이 너무 귀여워서 조금만 혼냈다.

2006년 9월 20일 수요일

〈악어 만들기〉

슬기로운 시간에 악어 만들기를 했다.

날카로운 이빨도 붙이고 눈도 붙이고 참 재미있었다.

나는 슬생과 즐생 시간이 젤이 좋다.

수업 준비물은 꼭 챙겨서 보내려고 노력했고, 숙제도 꼭 시켰다. 본인의 능력 밖인 건 어쩔 수 없지만, 아이가 할 수 있는 일이라면 기회를 주어야 한다고 생각했다. 그것이 우유 당번이든, 교실 청소든, 쓰레기통 비우기든 말이다.

2008년 3월 11일 화요일

〈체육 시간〉

오늘 체육 시간에 달기랑 기차놀이를 했다.

달리기에서 1등 했다.

기차놀이 할 때는 참 재미있어요.

그래서 웃었어요.

체육 시간이 참 재미있어요.

혼자 돌아다니지 않기로 약속했어요.

상현이는 1학년 2반이었는데, 전혀 개의치 않고 마음 내키는 대로 1반, 2반, 3반을 다 돌아다녔다. 등교를 시키고 나서도 불안한 마음에 내가 학교를 떠나지 못하고 안을 살짝 들여다보면 1반 뒤에서 책을 보고 있거나 3반에 가서 앉아 있기도 했다. 체육 시간에도 수업과 상관없이 놀이터에서 노는 일이 흔했는데, 이날도 혼자 돌아다니지 않기로 약속했다는 걸 보니 3학년 때도 역시나였나 보다.

2008년 3월 20일 목요일

〈과학 시간〉

나는 과학 시간이 좋아요.

과학 시간에는 실험을 해요.

풍선에 공기를 넣어서 실험을 했어요.

정말 재밌었어요.

과학실에는 재밌는 물건이 참 많아요.

근육(뼈), 기후, 소화, 동물, 파충류,

곤충, 식물, 우주, 공룡, 어류, 생물 등이 있다.

과학 시간이 짧아서 늘 아쉬워하길래 과학실 담당 선생님께 양해를 구하고 과학실을 구석구석 구경하곤 했다. 나는 학교 다닐 때 과학실이 으스스해서 싫었는데……. 내가 과학실 안 각종 샘플과 모형 들을 징그럽다거나 무섭다고 하면 상현이는 그걸 더 즐기는 것 같았다. 과학실 특유의 시금털털한 냄새가 지금도 코끝을 맴돈다.

2008년 3월 24일 월요일

〈높임말〉

어른들께는 높임말을 써야 합니다.

친구에게는 "안녕!" 하고 말하지만

어른께는 "안녕하세요!" 하 말합니다.

친구에게는 "이거 먹어." 하고 말하지만

어른께는 "이거 잡수세요." 하고 말해야 합니다.

높임말을 잘하는 어린이가 착한 어린이입니다.

상현이는 높임말을 쓴다. 내가 "아빠 식사하시라고 해" 하고 말하면 "아빠 진지 잡수세요"라고 전하고, 시댁도 꼭 할머니 댁이라고 칭한다. 가끔 선생님이나 회사 직원들 이야기를 할 때도 이러셨고, 저러셨고 한다. 말은 습관이 참 중요한 것 같아 큰아이에게 상현이 좀 보고 배우라고 했더니, "눼에~ 눼에~"란다. 아이고.

2008년 3월 30일 일요일

〈영풍문고〉

오늘 아침에 엄마와 함께 영풍문고에 갔다.

지하도를 지나서 갔는데 사람이 없었습니다.

영풍문고에서, "the MiXED-UP ChameLeON", "oxFord JuNior work book, for KiDs(the oxFord Picture DictioNARY)"를 샀다.

집에 오다가 포도아이스크림을 먹고 버거킹에서 햄버거도 샀다.

엄마랑 달리기 시합도 했다.

정말 기분이 좋다.

집 근처에 지하상가가 있는데, 상현이가 어느 정도 클 때까지는 한 번도 데려가지 못했다. 어린 시절에 상현이가 맨발에 팬티 바람으로 집 앞 슈퍼마켓에 몰래 간 적이 있어서 현관문 안쪽에 자물쇠를 채울 정도였으니, 지하상가에 데리고 간다는 건 엄두조차 안 나는 일이었다. 말귀를 좀 이해하고 어느 정도 타협이란 게 될 즈음 아무것도 만지지 않겠다는 다짐에 다짐을 받고 데리고 갔는데…… 싱겁게도 아무 일도 일어나지 않았다. 내가 아이를 너무 과소평가했나 싶었다. 아이로선 '집 근처에 이런 데가 있다는 걸 지금 가르쳐 주다니' 하고 분했을 것 같다.

2008년 3월 31일 월요일

<도서실에 문 잠갔다>

내가 오늘 도서실에서 문 잠갔다.

선생님이 정말 화를 나면서 상현가 정말 미한했습니다.

"다시 안 그럴께요." 하고 말했습니다.

다시 안 그렸습니다.

도서실에서 수업하는 국어 시간을 유난히 좋아한다고 했다. 아마 이날은 수업이 끝났는데도 교실로 가기 싫었던 모양이다. 그래도 그렇지 문을 잠그다니……. 이날 이후로 하굣길에 도서실에 들러 맘껏 책을 보곤 했는데, 한 번도 아이가 먼저 집에 가자고 한 적이 없다.

도서실에서 오래 머무르다 보니 사서 선생님과도 친해졌다. 괜히 미안한 마음이 들어서 새 책이 들어오면 라벨 작업을 도와드리곤 했다. 나에게도 즐거운 추억이다.

2008. 5. 1. 목 맑음

<어울림 마당>

어울림 마당을 했다

우리 반은 줄넘기, 공기놀이, 제기차기, 사방치기, 볼링치기, 땅따먹기를 했습니다 볼링치기도 재미있었고 사방치기도 너무너무 재미있었습니다 그런데, 강아지가 있어서 무서웠습니다. 그래서 정글짐위로 도망갔습니다. 그리고, "흰눈이 기쁨 되는 날" 노래가 재미있었는데 조금시끄러워서 귀를 막았습니다. 맛있는 점심을 먹고 집에 왔습니다. 내일 화요일에도 달리기를 해요.

2008년 5월 1일 목요일

<어울림 마당>

학교에서 일 년에 몇 번씩 운동장에서 큰 행사를 해도 별로 관심이 없었는데, 3학년쯤 되니 좀 익숙해지고 모처럼 재미있었나 보다. 그런데 하필 강아지가 나타나다니……. 초등학교 시절 상현이의 가장 큰 복병은 강아지였다. 아주 어렸을 때는 강아지를 너무 떡 주무르듯이 다뤄서 문제였는데, 어느 책에서 광견병에 관한 내용을 읽더니 그때부터는 또 강아지를 지나치게 무서워했다. 천둥 번개 역시 무척 무서워했는데, 알고 보니 재현이가 벼락 맞은 사람들 사진을 보여 줬기 때문이란다. 어째 중간이 없는 걸까? 어설픈 지식이 이래서 위험한가 보다. 아는 것이 병이란 말이 괜히 있는 게 아니다.

2008년 6월 7일 토요일

<열매 따기>

한양아파트 정원에 앵두나무와 오디나무가 있었습니다.

빨간 앵두를 따고 보라색 오디도 땄습니다.

키가 작아서 높 곳에 열인 앵두는 못 땃습니다.

앵두는 새콤했고, 오디는 달콤했습니다.

오디는 작은 포도 생겼습니다.

집에 가서 앵두와 오디를 맛있게 먹었습니다.

참 재미있습니다.

지금은 없어져 버렸지만, 할머니가 사시던 예전 아파트에는 이맘때쯤 오디나무와 앵두나무에 예쁜 열매가 조롱조롱 열렸다. 아무도 관심 가지지 않아 저절로 시들어 떨어져 버리기 일쑤였는데, 상현이에게는 이렇게 좋은 추억이 되었다.

2008년 6월 20일 금요일

<동물원에 갑니다>

우리 집에 엄마가 음식과 음료수를 소풍 가방에 넣었어요.

그리고 서빙고초등학교로 갔어요.

MR.선생님이랑 모두 같이 대공원에 갔어요.

선생님들이랑 서빙고역에서 전철을 타고 또 이촌 지하철을 탔어요.

리프트를 다른 친구들이랑 선생님과 3명이 같이 탔어요.

그리고 MR.선생님이랑 둘이서 같이 탔어요.

어린이 동물원을 지나갔어요.

리프트 역에 도착했어요.

그래서 돌고래쇼와 물개쇼를 보러 갔어요.

물개가 주황색 입은 죠련사 아저씨를 물에 "풍덩!" 빠지고 말았답니다.

정말 재미있어요.

아이가 어릴 때는 솔직히 아이랑 다니는 게 버거웠다. 그러다 보니 그러지 말아야지 하면서도 대중교통보다 자가용을 이용할 때가 많았는데, 이렇게 학교에서 대중교통을 타고 현장학습을 다녀서 참 좋았다. 이렇게 반복해서 연습하다 보면 언젠가는 혼자서도 대중교통을 이용할 수 있는 날이 온다.

( )

기록한 날짜	200?년 10월 21일 ?요일	권 수	
책이름	호기심 백과	지은이	우리누리
읽기 시작한 날	월 일	다읽은 날짜	월 일
독서량		선생님 확인	

읽 고 나 서

식도

위

작은창자

큰창자

콩팥

항문

야채,반찬는
냄새가
별로 나지
않고.
고기나 치즈는
구린가스를 만들어요

○ → 음식물

물방울 → 물

○ 공기

2008년 10월 24일 화요일

〈호기심 백과〉

성인이 된 지금도 백과사전을 좋아하고, 책에 있는 그림을 따라 그리기를 즐긴다. 어릴 적부터 선생님들이 상현이를 보고 공통으로 하는 말이 있다. 상현이는 비교적 아는 지식이 많은데, 정리가 잘 안되어 있다고. 내용 정리가 잘되면 많이 발전할 것 같다고……. 그런데 아직도 뒤죽박죽 정리가 잘 안된 것 같다, 안타깝게도. 이즈음 상현이는 "배가 아파요"라고 하지 않고 "콩팥이 아파요" "작은창자가 아파요"라고 말했다.

2장 가만히 들여다보면 다 나름의 이유가 있다

의사 선생님께서 사회성을 키워야 하니 어린이집에 보내는 것이 좋겠다고 하셨다. 치료실과 아파트 안에 있는 작은 놀이방만 잠깐잠깐 다니던 아이는 여섯 살 때 처음으로 인근에서 장애아와 비장애아를 함께 교육하는 통합교육으로 이름난 어린이집에 운 좋게 다니게 되었다. 장애 있는 아이들도 많이 보셨을 테고 경험도 풍부할 테니 그 어린이집에 보내게 된 것이 동아줄이라도 잡은 듯 기쁘고 감사했다.

결론부터 말하면, 그 어린이집은 3개월을 채 다니지 못했다. 하루는 등원하는데 원장 수녀님이 부르셨다. 아이의 장애가 심해서 도저히 돌볼 수 없으니 다른 곳을 알아보라고 하셨다. 상현이 상태가 그렇게 심각한가……. 며칠 동안 정신을 차릴 수가 없었다.

원장 수녀님이 그런 결정을 하신 데는 까닭이 있었다. 가까운 곳으로 나들이를 갔는데 아이가 종일 짜증 내고 먹지도 않고 이유 없이 힘들게 했다고 한다. 이유 없이? 그럴 리가 있겠는가? 당연히 이유가 있었다. 그 어린이집은 집에서 꽤 멀어서 내가 차로 등하원을 시켰는데, 그날따라 준비가 늦어져서 상현이는 오줌도 못 누고 아침도 차 안에서 간단히 먹였다. 그날 집에 도착하자마자 화장실로 달려가는 아이를 보고 알았다. 진짜 종일 참았다는 것을. 오후 서너 시쯤 하원했으니 아침부터 그 시간까지 오줌을 참고 있었던 것이다. 지금 생각해도 그게 가능한 일인가 싶다. 더구나 그 어린아이가……. 그러니 나들이도 즐거울 리 없고, 선생님 말씀도 들리지 않고, 점심도 먹기 싫을 만큼 예민했던 것이다. 그 또래 아이라면 바지에 실수할 수도 있었을 텐데 어떻게 참았을까. 그 일을 생각하면 지금도 마음이 짠하다.

원장 수녀님의 일방적인 통보를 듣고, 당황스럽고 속상하고 어찌할 바를 모르겠어서 알고 지내던 사회복지사에게 상담을 청했다. "엄마가 잘못했네요. 다른 사람은 몰라도 엄마는 알았어야죠." 오랜 시간이 흘렀음에도 이렇게 기억이 생생한 것은 복지사의 그 말이 적잖은 상처가 되었지만, 또 약이 되기도 했기 때문이리라.

어쩌면 그 시절의 상현이는 나보다 백배 천배 더 아팠는지도 모르겠다. 자주 머리가 '아야' 한다고, 손가락이, 배가 '아야' 한다고 징징거리곤 했다. 그럴 때마다 나는 상현이 머리에, 손가락에, 배에 반창고를 하나씩 붙여 주었는데, 그러면 언제 그랬냐는 듯이 싹 나았다. 상현이가 정말 아팠던 곳은 어쩌면 '마음'이었는지도 모르겠다.

일곱 살 때쯤, 치료실 근처 재래시장에서 미꾸라지 몇 마리를 얻어 왔다. 아이가 쪼그리고 앉아 한참 구경하니, 마음씨 좋은 주인 할머니가 몇 마리 담아 주신 것이었다. 집에 와서도 물병에 넣어 두고, 먹이를 준다며 계속 들여다보더니 순식간에 한 마리를 집어 들고 입안에 넣었다 뺐다 넣었다 뺐다 했다. 으악! 예상치 못한 상황에 너무 놀라고 당황했다.

한참 뒤에 상현이가 그 이유를 말해 주었다. 동화책 속 미운 오리 새끼가 집을 떠나 미꾸라지를 잡아먹어서 자기도 그렇게 했다고. 차마 삼키지는 못하고 입에 넣었다 뺐다 반복한 것이었다. 지금 생각하면 아주 위험하고 아찔한 순간이다.

동화책을 좋아하는 상현이는 책에 있는 말들을 상황에 맞춰 쓰곤 했다. 그렇게라도 표현하고 말하기 시작하니 고마웠다. 그러던 어느 날, 동네 마트에서 잊지 못할 사건이 생기고 말았다. 생각해 보면 아이로선 화가 날 만도 했다. 레고를 사 달라고 몇 주 전부터 얘기했는데 나는 매번 "그래, 알았어. 다음에……. 약속!" 하면서 손가락까지 걸어 놓고도 건성이었다. 엄마는 건성으로 대답했을지라도 아이는 간절했을 테니 그날도 그 장난감을 사 달라고 했고, 나는 또 "응, 다음에……" 했나 보다. 순간 카트 안에 앉아 있던 상현이가 마트가 떠나가라 울며 발버둥 쳐 댔다. 그러다 달래는 나를 보고는 자기가 잘못했다고 생각했는지 눈물 콧물이 범벅된 얼굴로 손을 모아 싹싹 빌며 "엄마 잘못했어요, 목숨만 살려 주세요. 이 은혜는 꼭 갚을게요" 한다. 그것도 계속 반복해서……. 주위 사람들 시선이 따갑다. 정말 땅 밑으로라도 꺼지고 싶은데, 어떤 할아버지가 "애기 엄마, 그러면 못써" 하고 훈계까지 하신다.

정말 생각하기도 싫은 순간이었는데, 지금 다시 떠올리니 우습다. 자기 말을 무시한 엄마에게 제대로 한 방 먹인 것이었다. 지금이라도 그때 주변에 계셨던 분들께 한마디 하고 싶다. "여러부운, 저 그런 사람 아니에요!"

이렇게 엉뚱하고 문제로만 보이는 아이의 말이나 행동을 가만히 들여다보면 다 나름의 이유가 있었다.

상현이는 어릴 적부터 동물 피규어를 유난히 좋아해서 자주 가지고 놀았다. 냉동실 문을 열면 북극곰, 바다사자, 펭귄 피규어 들이 늘 맨 앞에 줄지어 서 있었다. 내가 미꾸라지 사건 때 너무 놀라 미꾸라지를 변기에 버린 후로 상현이는 물고기 피규어 몇 마리를 변기에 넣고 먼 여행을 떠나보냈다. 애니메이션 〈토이 스토리〉에 나오는 초록색 외계인이 거실 등 밑 좁은 공간에서 우주로 돌아갈 날을 기다리고 있었던 것처럼, 그때 상현이 마음속에는 내가 미처 알지 못했던 또 어떤 이야기들이 있었을까?

2009년 3월 5일 목요일

<김상현 이야기>

1998년 6월 16일 생일날, 상현이가 태어났습니다.

상현이가 탯줄 잘랐습니다.

서빙고초등학교 다니닙다.

4학년 3반입니다.

김행점 선생님입니다.

"상현이가 탯줄을 잘랐습니다"라니. 하하하하.
언어치료 선생님께서 수업 중에 "상현이가 처음 가 본 병원은 어디야?" 하고 물으셨는데, 상현이가 곰곰이 생각하더니 "산부인과요" 하더란다. 선생님께서 수십 년간 많은 아이를 만나 봤지만 이런 대답은 처음이라고 하셨다. 그리고 정답이라고도 하셨다.
이즈음엔 언어치료 가운데서 '생활 언어치료'와 '학습을 통한 언어치료'를 병행했다. 이 두 가지는 교수법도 다르고 장단점이 있는데, 상현이에게는 학습하듯 배우는 언어치료가 더 효과적이었다. 언어치료를 오랜 기간 받아 보니, 다양한 방법으로 접근하는 것이 더 효과적인 것 같다. 한 선생님께 오랫동안 치료를 받으면 서로 익숙해서 좋은 점도 있지만, 더러는 아닌 경우도 있다.

2009년 3월 10일 화요일

<나의 고민>

나는 학교에 화장실에 가는 것이 무섭다.

그래서 도서실 옆에 있는 화장실만 갔다.

학습도움반 옆에 있는 화장실은 무섭다.

왜냐하면 거미가 있고 더럽기 때문이다.

4학년은 화장실은 안 무섭다.

그래서 오늘은 용감하게 4학년 화장실에 갔어요.

이제부터는 화장실에 갈 수 있어요. <끝> The End.

어렸을 때 화장실에 유난히 예민했다. 새로운 건물이나 식당이나 극장에 가면 화장실부터 확인하곤 했는데, 학교도 예외는 아니어서 여기저기 찾아다녔나 보다. 내가 보기엔 다 비슷비슷한데, 상현이에게는 조명이나 냄새 등 다르게 느껴지는 뭔가가 있었던 것이다.
아이 혼자 공중 화장실에 처음 들여보낸 날을 잊을 수가 없다. 아이가 여자 화장실에 같이 들어가기에는 너무 커 버려서 어쩔 수 없이 혼자 남자 화장실에 들여보냈는데, 영 나오질 않길래 밖에서 이름을 불렀다. 한 학생이 헐레벌떡 나오며 아이 엄마냐고 묻더니, 아이가 소변기에 달린 나프탈렌을 가지고 놀고 있다고 한다. 아이고, 하느님 맙소사.

( )

2009년 5월 17일 (SUN DAY)

MY name is SANG HYUNKIM
I am 12 years old.
I like ddukbboki and Chicken and Pizza and Fruits.
I don't like Salad and Kimchi and danmuji and vegetables.
But I like Veggie tales.
Bob is Tomato, Larry is cucumber, Junior is aspargus, Laura and Lenny and Laura's Dad and Laura's Mom is carrots, Jimmey and Jerry is goura, Pa is grape, and Now Mr. Neezer is Zucchini,

Very good 6/8

2009년 5월 17일 일요일

<SANGHYUN KIM>

외국어를 좋아한다. 특히 영어와 일본어를 좋아한다. 인터넷에서 그날 본 애니메이션을 태국어나 독일어, 아랍어 같은 언어로 듣기도 하고, 심지어 따라 하기도 한다. 어느 날 노트에 꼬불꼬불한 글씨를 잔뜩 써 놓았길래 물어보니 아랍어란다. 아무래도 내가 천재를 낳았나 보다. 하하하.

2009년 6월 3일 수요일

〈연극을 끝나고, 도서실로 가요〉

복지관에서 3층을 갔다.

연극을 갔다.

선생님이 책 제목은 '늑대소년 모글리'를 보여 주셨다.

나는 '늑대소년 모글리'를 좋아한다.

그중에서도 착한 바루를 좋아하고 호랑이 쉬어칸은 싫어한다.

그리고 비단뱀 카아는 싫지만 최면술 걸 것을 재미있었다.

나는 그중에서도 모글리 역할을 했고 성인 형은 바루 역할을 했다.

연극이 끝나고 2층에 도서실에서 디즈니의 아기코끼리와 모글리,

생쥐의 세계일주, 15마리 새끼토끼, 월트디즈니의 정글북(YBM 시사영어사),

디즈니의 이상한 나라의 앨리스(YBM 시사영어사) 빌렸다.

기분이 좋았다.

어느 날인가 빨간색 팬티를 사 달라고 해서 깜짝 놀랐는데, 알고 보니 〈정글북〉의 모글리 때문이었다. 이맘때 상현이는 자기에게 곤란한 일이 생기면 손가락을 빙글빙글 돌리며 비단뱀 카아처럼 상대방에게 최면술을 걸곤 했는데, 착한 형은 더러 속아 주기도 했다.

2009년 6월 25일 목요일

〈한강에서〉

운동치료에서 한강에 갔다.

한강에서 여러 가지 운동을 했다.

나는 벌떼가 나타날까 봐 조금 겁이 났다.

오늘 날씨가 너무너무 더웠다.

그래서 선생님께서 음료수와 아이스크림을 사 쥬셨다.

그리고 복지관으로 돌아왔다.

내일은 도움반에서 클레이쥬에 갈 예정이다.

재미있을 것 갔다.

벌을 유난히 무서워한다. 그게 뭐 대수로운 일인가 생각할 수도 있지만, 갑자기 나타난 벌을 피하려고 차도로 뛰어든 때도 있다. 고3 때는 교실에 벌이 들어와서 한바탕 소동이 일어나기도 했는데, 그 이후로 상현이가 자꾸 창문을 닫는 바람에 반 친구들이 힘들었다고 한다. 새로운 선생님들을 만나면 선생님들은 나에게 아이에 관해 특별히 알고 있어야 하는 점이 있느냐고 묻는다. "벌을 무서워해요"라고 말하면 "네?" 하며 웃으시는데, 사실 웃을 일이 아니다.

2009년 8월 3일 월요일

〈여름휴가 가는 날〉

가족들과 함께 여행을 갔어요.

휴계소에서 음식을 먹었다.

쏠비치로 갔다.

해수욕장에서 모래놀이도 하고, 미역과 조개도 잡았다.

저녁에는 PC방도 갔다. 게임도 했다.

사실은 난 콘도보다 서울이 좋다.

왜냐하면 너무 멀기 때문이다.

그래도 여행은 즐거웠다.

여행을 좋아하는 사람이 대부분이겠지만, 그렇지 않은 사람도 있다. 상현이는 자기가 생각하는 일정 범위를 벗어나면 불안해했다. 가끔 강원도에 갈 때면 팔당댐까지는 울며 보챘다. 그리고 어두워지면 집에 가자며 또 보챘다.

2009년 9월 9일 수요일

〈연극치료〉

학교 끝나고 복지관으로 갔다.

3층에서 수업을 했다.

화장지를 찞어서 눈의 여왕 놀이를 했다.

엉망이 되어서 청소를 하려고 했는데, 선생님께서 괜찮다고 하셨다.

연극치료에서 '눈의 여왕' 주셨다.

그중에서도 표정이 무서웠어요.

지금은 기역이 잘 나지 않아 다시 한번 읽어 봐야겠다.

그렇지만 연극치료는 재미있다.

상현이의 문제 행동은 연극치료 덕을 톡톡히 봤다. 4학년이 되니 같은 반 여자 친구들이 상현이의 어린아이 같은 스킨십을 부담스러워했다. 예민할 수도 있는 이 문제를 연극치료 선생님께서 자연스럽게 이해시키려고 연극으로 보여 주셨다. 선생님은 고집스럽게 떼를 부리는 상현이의 모습을 아주 사실적으로 연기해 주셨고, 선생님을 통해 자기 모습을 본 아이는 더는 고집 피우지 않게 되었다. 참 오랜 시간 고민했던 문제가 한순간에 해결되는 신기한 경험이었다.

( )

2009년 12월 28일 (월)

(눈이 왔어요.)

어제 밤에 눈이 많이 왔어요.
어제 밤부터 밖에 나가서 놀고
싶었어요. 그래서 오늘 아침
일찍 일어나서 동아 놀이터에 갔어
요. 썰매도 타고 눈싸움도 하고 발자국
찍기 놀이도 했어요. 형이 학원에 가서
엄마랑 놀이가서 조금 아쉬웠어요.
상자를 엉덩이에 깔고 앉아서 미끄럼틀
을 타니까 더 재미있었어요.
온세상이 하얀색이라서 예뻤어요.
집에 와서 목욕을 했어요.
기분이 좋았어요. 나는 겨울이
좋아요.

2009년 12월 28일 월요일

<눈이 왔어요>

밤새 내린 새하얀 눈을 누가 먼저 밟을까 아이가 걱정하길래 아침 일찍 밖으로 나갔다. 일기에는 쓰지 않았지만, 상현이는 영화 〈러브 스토리〉의 명장면처럼 눈밭에 누워 두 팔을 휘저으며 천사 모양을 만들기도 했다. 나는 속으로 '이런 걸 진짜 하는 사람도 있구나' 하고 웃었다.

2010년 1월 27일 수요일

〈농장으로 갔다〉

오늘 관광버스를 타고 용인에 있는 '농도원'이라는 목장에 갔어요.

정말 아름다운 농장이였어요.

농장에는 젖소도 있고 개도 있고 트랙터도 있었어요.

먼저 트랙터를 탔어요.

트랙터는 무섭지 않고 재미있었어요.

기계가 젖소의 젖을 짜는 것도 보았어요.

젖소도 마른풀을 먹었어요.

우리들은 피자를 만들어서 먹었어요.

나는 피자 만들기가 좋았어요. 집에서도 꼭 만들어 보고 싶었어요.

농장이 참 좋아요.

교실 안에서의 학습도 중요하지만 살아 있는 체험학습도 참 중요하다. 특수학급 아이들은 현장학습을 자주 가서, 그 점이 엄마로서 참 좋았다. 이번에 아이 일기를 찬찬히 보니 내가 모르는 많은 경험을 아이가 했구나 싶다. 나 혼자 아이를 키웠다고 생각했는데……. 많은 선생님과 스치듯 지나간 여러 봉사자 선생님, 그리고 반 친구들까지 모두 함께 키운 것이었다.

2011년 4월 5일 화요일

〈용산박물관〉

오늘 우리 선생님이 화가 조금 나셨다.

왜냐하면 내가 점심시간 급식실에서 밥 위에 반찬 안 올렸다.

"반찬이랑 밥이랑 같이 먹어라" 하고 말씀하셨다.

내일은 반찬이랑 밥이랑 골고루 먹겠다.

내일 학교에서 말썽 안 피우고 친구 안 괴롭히고 교실에서 안 뛰고

공부 시간에 화장실 안 가고 물 안 마시고 공부 열심히 하면

엄마랑 용산박물관에 가기로 약속했다.

간식은 고래밥랑 마이쥬 사 가기로 했다.

선생님, 내일 말 잘 들을게요.

선생님: 앗! 밥 다 먹고 난 후에 잘 먹었다고 칭찬해 준 건 까먹었나 보네. 오늘도 밥 잘 먹자!

6학년 때도 편식을 했나 보다. 진작 고쳤다고 생각했는데……. 급식에 싫어하는 반찬이 나오면 이렇게 실랑이를 하고, 반대로 좋아하는 반찬이 나오면 자기 건 뚝딱 먹어 치우고 옆에 친구에게 "내가 도와줄게!" 라고 했다나? 한번은 급식실에 교장 선생님께서 오셨는데, 자기 눈에는 할아버지처럼 보였는지 "제가 조물조물 해 드릴게요" 하며 안마해 드리기도 했단다. 나 참……. 웃어야 할지 울어야 할지.

Date. Page.

2011년 4월 23일 토요일

< veggietales >

내가 좋아하는 베지테일 이다
그런데 베지테일 책 잃어버려서
속상했다.

2011년 4월 23일 토요일

<Veggietales>

덩치도 크고 손도 두툼한 녀석이 어쩜 이렇게 아기자기한 걸 좋아하는 지……. 몇 시간이고 좋아하는 그림을 그리면서 노래까지 흥얼거린다.
"브로콜리이~ 샐러리이~ 베지테일!"

2011년 6월 2일 목요일

〈수영 교실에 지킬 일〉

1. 선생님 말씀 잘 듣는다.

2. 선생님 잘 따라다닌다.

3. 뛰어다니지 않는다.

4. 심한 장난지지 않는다.

5. 점심을 적당히 먹는다.

6. 수영복을 단정하게 입는다.

7. 질서를 잘 지킨다.

8. 피자롤를 한 게 사 먹는다.

선생님: 8번은 수영 교실에서 지킬 일이 아니라, 상현이가 하고 싶은 일이네?^^

현장학습 전날은 지켜야 할 일들을 미리 적어 보곤 했다. 냉장고에 붙여 두고 아침에 한 번 읽어 보라고 시킨다. 8번은 몰래 슬쩍 적어 넣었나 보네. 이 정도는 애교로 봐 줘야겠지? 하하하하.

2011년 7월 23~24일 토~일요일

〈수련장 가기〉

성당에서 캠프를 갔다.

충청북도 괴산에 있는 '보람원'이였다.

먼저 미사도 하고 수영도 하고 쿠키도 만들었다.

'Hello story 헨젤과 그레텔'을 보았다.

조금 무서운 이야기였다.

수영장에서 공놀이를 했는 재미있었다.

그런데, 보람원은 벌레들이 많고 특히 나방이 많아서 무서웠다.

그리고 너무 멀어서 힘들었다.

다음에 절대로 보람원에는 가지 않기로 엄마랑 약속했다.

상현이의 첫 캠프였는데, 다녀와서는 나에게 다시는 수련장에 보내지 않겠다는 다짐에 다짐을 받아 냈다. 그 이후로 상현이는 하룻밤 자고 오는 캠프나 수련회에 참석한 적이 없다. 좀 아쉽긴 해도, 아이가 불안해하고 싫어하는데 굳이 보내면 역효과가 날 것 같았다.

2011년 8월 22일 월요일

<민주네 집에 놀러 간 날>

오늘은 엄마랑 같이 민주네 집에 갔다.

짱군이가 조금 무서워서 베란다에 가두었는데

짱군이한테 육포를 먹이려고 문을 조금 열었는데,

짱군이가 탈출를 해서 너무너무 무서워서 민주 방으로 도망갔다.

짱군이는 강아지 이름인데 조금 무섭기도 하고 귀엽기도 했다.

뼈다귀를 주고 싶어서 가까이 못 간다.

다음에 용기를 내서 짱군이와 진하게 지내야 했다.

강아지를 대하는 법에 중간이 없었다. 지나가는 강아지를 가리키며 "광견병 걸렸어?" 하고 묻기도 하고, "응가해 봐" 하고 말해서 민망한 적이 한두 번이 아니었다.

어릴 때는 강아지를 너무 겁 없이 만져서 걱정이었는데, 어느 날 책에서 광견병에 대한 정보를 읽은 뒤로는 또 지나치게 무서워했다. 다행히 최근에 이모네 강아지 짱군이 덕에 강아지공포증을 많이 극복했다. 요즘은 짱군이가 코로나에 걸릴까 봐 걱정이 많다.

2011년 9월 14일 수요일

〈우리 반 있었던 일〉

화요일 날, 과학실에 나쁜 친구가 주사위를 부셨다.

그래서 내가 "안 돼!" 하고 소리를 질렀다.

과학 선생님한테 혼났다.

상현이는 속상하고, 선생님은 화가 났다.

다음부터 소리를 안 지르기 엄마의 약속하셨다.

선생님: 소리 안 지르기로 약속했는데 오늘 육상대회 나가서는 기분 안 좋고, 덥다고 또 소리 질렀네?

친구가 주사위를 망가뜨려서 수업 시간에 소리를 질렀다. 수업 시간에 소리를 지른 건 잘못했지만, 본인 나름대로는 이유가 있었던 것이다. 여느 아이 같으면 왜 내 주사위를 망가뜨리냐고 따졌겠지만, 상현이는 큰 소리를 내는 것 외에 달리 방법이 없었을 것이다.

초등학교 1학년 때는 수업 시간에 자꾸 귀를 막고 소리를 질렀는데, 나중에 이야기를 들어 보니 상현이가 풍선 터지는 소리를 무서워하는 걸 안 짝꿍이 상현이 귀에 대고 "풍선 터트린다"고 해서 그랬다고 한다. 같은 반 여자아이들이 나에게 귀띔해 주었다. 이렇게라도 이유가 밝혀지면 다행인데 그렇지 않은 경우가 더 많았을 것 같다. 그때마다 얼마나 억울했을까? 갑자기 속이 상한다.

Date. Page.

2011년 4월 20일 화요일

<영화 만들기>

'영화'라는 책을 보았다.

이 책은 필름, 카메라, 의상, 세트 분장, 특수효과, 편집 등등에 대해서 자세이 나와 있었다.

'나도 영화를 만들어야 겠다'하고 생각했다.

그래서 장식장에다가 영화 세트장을 만들었다.

제목은 '바바파파의 무인도의 탈출'이다.

내가 세트장 그리면 이렇게 생겼다.

햇님과 구름과 하늘은 색종지의 그렸다.

2011년 9월 20일 화요일

<영화 만들기>

이렇게 무언가를 만들고 꾸미고 역할놀이를 하는 상황극을 좋아했다. 어느 날인가는 파티장이라며 바(bar) 비슷하게 꾸며 놓았는데, 그룹사운드며 다트 놀이, 포켓볼 대까지 꾸며 제법 그럴듯했다. 애니메이션 <벅스 라이프>에서 봤다고 한다. 그걸 본 재현이가 한마디 했다. "저놈, 클럽에 무지 갈 놈이야." 그런 날이 오면 얼마나 좋을까?

성인이 된 지금도 좋아하는 인형과 피규어 들을 쭉 앉혀 놓고 영화를 볼 때가 가끔 있다. 남편은 다 큰 놈이 아기 짓 한다고 잔소리하지만, 나는 본인이 즐거우면 되는 것 아닌가 싶다. 요즘은 키덜트도 흔한 세상 아닌가.

2011년 9월 21일 수요일

<한강중학교>

오늘 학교 끝나고 한강중학교에 갔다.

학습도움반에 가서 선생님께 인사하고

CD 구경도 하고 퍼즐도 맞추었고 레고도 했다.

모형도 만들기도 했다.

이날 한강중학교에 방문한 까닭은 중학교 진학 상담을 받기 위해서였다. 학교를 어디로 보낼지 결정할 때는 직접 여러 곳을 다녀 보고 상담받는 것이 참 중요하다. 무엇이 됐든 아이를 기준으로 선택하면 의외로 결론은 간단했다.

2011년 10월 8일 토요일

〈토요일 저녁〉

기쁨 끝나고 강남역에서 만났다.

순대볶음을 먹었다.

밥을 다 먹고 엄마, 아빠랑 형이랑 강남역 산책했는데,

“‘Saturday Night’ 오신 것을 환영합니다” 하고 말했다.

너무 기분이 좋았다.

너무 아쉬웠는데 형이랑 아빠가 집에 가자고 했다.

레이저가 번쩍번쩍하고 아빠가 닭꼬치를 샀다.

나는 ‘Saturday night’를 노래를 했다.

다음 주 토요일에 또 가고 싶다.

화려한 네온사인이 빛나는 강남역 밤거리에 나간 것은 처음이라 상현이가 무척 신나 했다. 어디서 들었는지 우리도 ‘새러데이 파티’를 하는 거냐고 물어보길래 웃었다. 그런데 어머! 이게 웬일이야? 모 자동차 회사에서 신차가 나온 기념으로 빙글빙글 돌아가는 조명을 켜 두고 번쩍번쩍 레이저까지 쏘며 그야말로 ‘새러데이 파티’를 제대로 하고 있는 게 아닌가? 상현이는 그 분위기를 맘껏 즐겼다. 간절히 원하니 이루어진 건가?

2011년 10월 19일 수요일

〈안과검사 하는 날〉

학교 끝나고 안과를 간다.

상현이 차례였다.

의사 선생님이 열기구를 본다.

보이는 단어, 안 보이는 단어를 본다.

이제 안과는 무섭지 않다.

시력검사를 해도 아이가 애매하게 대답해서 시력이 어떤지 알 수가 없었다. 그래도 안 쓰는 것보다 낫겠지 싶어 초등학교 1학년 때 안경을 맞췄다. 도수가 맞는지 어떤지도 알 수 없었지만. 처음엔 어렵게 맞춘 안경을 자주 잃어버려서, 하교 후에 학교 놀이터며 운동장이며 찾으러 다니기 일쑤였다.

2011년 12월 2일 금요일

<점프>

학교 끝나고 종로를 갔다.

나는 화장실에서 응가를 했다.

태민이랑 나랑 자리에 앉았다.

점프를 끝나고 알라딘서점을 갔다.

'어린이 첫 사전', '잠자는 공주'를 샀는데, 문을 닫을까 봐 걱정이다.

저녁때 유가네를 갔다.

다 먹고 나서 인사를 했다.

다음에 종로에 또 가고 싶었다.

초등학교 저학년 때도 특수반 연합으로 뮤지컬 <점프>를 보러 간 적이 있었다. 그때는 내가 보호자로 따라갔다. 상현이는 울고 떼를 쓰며 들어가지 않겠다고 고집을 피웠다. 달래도 보고 으름장을 놓아 보기도 하고 혼도 내 봤는데 소용이 없었다. 결국 공연 내내 웅웅거리는 공연 소리가 들리는 로비에서 다른 친구들이 공연을 다 보고 나오기를 기다렸다. 지금 생각하니 친척 결혼식 날 어린 상현이가 붉은 카펫을 불로 연상했듯, 그날도 나름의 이유가 있었을 것 같다. 이제 6학년이 된 아이는 공연도 잘 보고 화장실도 혼자 갈 만큼 성장했다.

3장 우리 엄마들에게는 건강한 마음의 근육이 필요하다

워낙 규모가 작은 초등학교에 다녔고, 초등학교 인근 중학교가 아닌 집 근처 제법 큰 중학교에 진학하게 되어, 아는 친구도 하나 없는 낯선 학교에서 잘 적응할 수 있을지 처음엔 걱정이 많았다. 그런데 돌아보면 중학교 시절이 제일 마음이 편했다. 어린이집과 초등학교 다닐 때는 늘 차로 등하교시켰는데 중학교는 걸어서 다닐 수 있는 거리에 있어서 좋았고, 특수학급 선생님도 푸근하시고, 친구들도 성향이 비슷비슷해서 즐겁게 잘 지냈다. 무엇보다 중학교는 졸업 후에 고등학교 진학이라는 정해진 미래가 있어서 더 그랬던 것 같다.

그런데 아이가 진학한 중학교 인근 초등학교에는 특수학급이 없었기 때문에 대부분 아이가 장애가 있는 친구를 처음 만날 것 같았다. 입학할 당시에는 그게 걱정이 많이 되었다. 장애 인식 교육은 특히나 조기 교육이 중요하다. 어릴 때부터 장애아와 비장애아가 함께 교육받는 통합교육을 받은 아이들은 초등학교에 가도 장애가 있는 친구를 자연스럽게 받아들인다. 그러나 중학생이 되어서 처음 발달장애 친구를 만나면 어색하게 느껴 더 거부하고, 심지어 겁을 내기도 한다. 몸집은 중학생인데, 어린아이 같은 말투에 산만하고 행동은 크고 가끔은 버럭 화를 내기도 하니 왜 그렇게 반응하는지 이해가 되기도 한다.

하지만 어릴 때부터 통합교육을 받은 아이들은 발달장애 아이들이 덩치만 크지 속은 아이같이 순수하다는 것을 자연스럽게 안다. 무관심할망정 싫어하거나 나쁘게 보지는 않는다. 그래서 나는 모든 어린이집, 유치원, 초등학교에서 통합교육을 시행해야 한다고 생각한다. 그 아이들이 성인이 될 10여 년 후 지금보다 더 나은 인식을 가진 사회를 만들려면 그것이 가장 빠른 방법일지도 모른다. 어차피 같은 사회 구성원으로서 함께 살아가야 할 친구들이다.

중학생은 질풍노도의 시기라 짓궂은 행동의 대상이 특수학급 아이들이 되는 경우가 종종 있다. 초등학생의 장난과 중학생의 괴롭힘은 다르다. 그러니 대처도 달라야 한다.

상현이가 초등학교 4학년 때 학교 연못에 들어간 적이 있다. 알고 보니 5학년 장난꾸러기 녀석이 시킨 일이었다. 내가 학교에 도착했을 때, 그 5학년 녀석은 이미 자기 담임 선생님, 상현이네 담임 선생님, 특수반 선생님에게까지 혼쭐이 난 후였고, 전교생이 몇 되지 않는 학교 전체에

소문이 쫙 퍼진 상태였다. 끝으로 나에게 잘못을 빌러 온 그 녀석은 눈물이 글썽글썽한 채 얼굴을 들지 못했다.

나는 방망이질 치는 마음을 진정시키고 최대한 차분하게, 잘못을 혼내기보다 너의 행동으로 인해 내가 얼마나 속상한지만 이야기하고 돌려보냈다. 인정에 호소한 것이다. 다음 날부터 그 녀석은 졸업할 때까지 상현이를 보호해 줬다. 내가 학교에 상현이를 데리러 가면 제일 먼저 달려와서 인사하고, 상현이의 학교생활도 이야기해 주었다. 나중에는 내가 고마울 정도였다. 나는 그 장난꾸러기 녀석의 이름을 아직도 기억하고 있다. 물론 좋은 기억으로 말이다.

이렇듯 초등학교 때는 감정에 호소하는 방법이 효과적일 수 있지만, 중학교 때는 좀 다르다. 중학교 입학식 날 복도에서 상현이를 기다리다가 담임 선생님께서 하시는 말씀을 듣게 되었다. "너희가 커서 유명한 아이돌 가수가 된다고 해도 중학교 때 못된 짓을 하면 다 기록으로 남는다. 인터넷이 발달한 시대라서 그게 드러나면 활동할 수 없을 거다. 요즘은 그런 시대다. 그러니 알아서 행동하길 바란다." 대놓고 겁을 주는 것보다 더 효과적인 듯했다.

상현이를 염두에 두고 하신 말씀인지는 잘 모르겠지만, 중학교 1학년 때 반 친구들은 상현이에게 굉장히 호의적이었다. 행여 그런 일은 없어야겠지만, 혹 아이가 괴롭힘을 당하면 그냥 교칙대로 하면 된다. 감정에 치우쳐 너무 일을 키워서 오히려 아이에게 마이너스가 되는 경우를 종종 봤다. 화가 나고 분하고 속도 상하겠지만, 성숙한 어른으로서 아이를 생각해서 객관적이고 이성적으로 판단하는 것이 현명하다.

비장애 아이들만 질풍노도의 사춘기를 겪는 건 아니다. 신체의 성장과 변화가 당연하듯 우리 발달장애 아이들도 감정 변화가 심해지고 반항하기도 하고 연애에 관심을 두기도 하며 똑같이 사춘기를 겪는다. 자연스러운 현상이다. 다른 점이 있다면 그런 혼란스러운 마음들을 표출하는 방법이다.

비장애 아이들은 답답할 때 또래 친구들끼리 소통하고, 때로는 부모님에게 불만을 토하기도 한다. 때때로 방황하기도 하고 일탈하기도 하며 나름대로 마음을 드러낸다. 그런데 우리 아이들은 그조차도 여의치 않다. 의사소통이 원활하지 않으니 더 답답할 것이다. 그렇다고 마음을 읽어 주는 친구도 없고……. 참 안타깝고 마음 아픈 일이다.

혹 '장애 있는 애가 무슨 사춘기? 아무것도 모르는데……' 하고 생각한다면 큰 오산이다. 순종적이고 순하기만 한 아이가 중학교에 진학하면서 걷잡을 수 없이 폭력적으로 변한 경우도 봤고, 이유 없이 울기만 하는 아이도, 하교 후에 혼자서 돌아다니다가 밤늦게야 집으로 돌아와 부모 애간장을 태우는 아이도 봤다.

이렇듯 우리 아이들의 사춘기는 더 혹독한 대가를 치를 수도, 애써 쌓아 올린 공든 탑을 하루아침에 무너뜨릴 수도 있으니 더 세심히 살피고, 마음에 응어리와 화가 쌓이지 않게 그때그때 풀어 주어야 한다. 그래도 다행인 건 그 반대의 경우도 있다는 점이다. 호르몬의 변화가 왕성하고, 기운이 넘쳐 나는 이 시기를 잘 보내면 오히려 폭발적으로 성장할 수도 있다. 그러기 위해서는 초등학교, 아니 그 훨씬 이전부터 아이와의 관계를 탄탄하고 견고하게 잘 다져 두는 것이 무엇보다 중요하다. 다가올 사춘기를 위해서라도 말이다.

장애가 있는 아이를 키우는 엄마는 여러모로 더 힘든 것이 사실이다. 그 가운데서도 마음이 참 힘들다. 나는 엄마가 먼저 당당해야 한다고 생각했다. 아이와 외출할 때면 마음속으로 '당당해지자! 당당해야지! 당당하여라! 장애가 잘못은 아니잖아?' 수십 번 되뇌곤 했다. 그래도 잘 안 됐다.

장애가 있는 아이에게 엄마는 하느님이고 부처님이고 천지신명이다. 아무리 사람이 많은 곳에 가도 아이는 엄마 얼굴만 살핀다. 엄마가 편안하고 괜찮다는 표정을 하고 있으면 아이도 그런 줄 알고 편안해진다. 엄마가 불안하고 눈치 보고 주눅 들면 아이는 이유도 모른 채 엄마와 같은 상태가 된다. 물론 엄마가 느긋하게 마음먹는 일이 쉽지만은 않다. 우리 엄마들은 당당하기에도 시간이, 연습이 필요하다.

나는 아이와 외출할 때 신경 써 화장하고 신경 써 옷을 입는다. 지갑에 현금도 평소보다 더 넣어 둔다. 아이도 마찬가지로 준비시킨다. 머리 손질도 하고 빳빳이 다린 옷을 입히고 향수도 뿌린다. 속물이라고 해도 할 수 없다. 그래야 가슴이 좀 펴지고, 자신감이 생기고, 혹 아이가 실수해도 덜 당황하고, 태연한 척이라도 하며 잘 대처할 수 있을 것 같기 때문이다. 이건 나만의 방법이다. 나는 그렇게 하는 편이 나았다.

장애가 있는 아이를 키우는 엄마는 세 가지와 싸운다. 먼저 아이와 싸우고, 사회와 싸우고, 그리고 나 자신과 싸운다. 그 가운데 어느 하나 힘들지 않은 싸움이 없겠지만 나 자신과의 싸움에서만은 꼭 승리하기 바란다. 그러려면 마음의 근육을 단단하게 단련해야 한다. 딱지가 앉고 굳은살이 박여 생긴 단단함 말고, 내 안에서 단련된 건강한 근육으로 얻은 단단함! 그러려면 엄마가 지치지 않아야 한다. 스스로 즐거움을 찾고 나를 아껴 주고 사랑하면 마음에 건강한 근육이 생긴다. 그리고 그 모든 싸움에서 지지 않을 힘과 여유를 얻게 된다.

2012년 1월 7일 토요일

<압구정>

아빠랑 산에 가고 인사를 했다.

집에 가서 엄마가 비빔국수를 먹고 압구정에 갔다.

현대백화점에 가고 교복을 샀다.

현대아파트가 봉천동이 비슷하다.

비디오가게 구경을 했는데, VCR가 고장이 나서 버려서 속상했다.

아쉽지만 집에 갔다.

다음에 형아랑 같이 압구정에 가고 싶다.

정말 신이 났다.

교복 때문에 압구정동까지 간 건 교복을 맞추기 위해서였다. 당시엔 상현이가 심한 비만이었기 때문에 기성 제품 가운데 맞는 사이즈를 찾을 수 없었고, 초등학교 6년 내내 고무줄 바지를 입었던 상현이가 후크 바지를 잘 입을 수 있을지 걱정되었기 때문이다. 교복을 고무줄 바지로 맞춰야 하나 고민하다가, 일단 한번 도전이라도 해 보자 싶어서 일반 교복 바지로 맞췄는데, 다행히도 잘 적응해 주었다. 교복을 입으니 본인도 뭔가 느끼는지 훨씬 의젓해졌다. 제복이 사람을 긴장하게 만드는 뭔가가 있긴 한가 보다.

2012년 6월 6일 수요일

〈마다가스카 3: 유럽 수배범 보러 가기〉

아침 일찍 일어나서 샤워, 세수, 양치질하고
아침 먹고 쿠우 2개 가지고 7호선에 탔다.
코속터미널까지 계단으로 올라갔다.
민규 아줌마를 메가박스에서 만났는데
9시 사람이 너무 많아서 영풍문고 잠깐 갔다.
영화가 시작했고 나는 서커스 기차 타는 거 장면이 제일 신이 났다.
참 재미있었다.

중학생이 된 이후에도 여전히 사람이 주인공인 영화보다는 동물이 주인공인 영화를 좋아했다. 〈마다가스카〉의 주인공들이 너무 친근해서인지 상현이는 동물원에 가서도 기린, 사자, 하마, 얼룩말을 보면서 영화 주인공을 대하듯 했다. 동물원 초입에 있는 미어캣 우리에서 한 시간 넘게 구경하기도 했다. 짐작하건대 〈라이온킹〉의 '티몬' 때문이었겠지. 동물원에 갔다고 해서 모든 동물을 다 구경할 필요는 없다. 내 역할은 미어캣 우리에서 한 시간을 같이 기다려 주는 것이다.

Date. Page.

<2012년 7월 21일 토요일>

"백석 대학교 캠프 하는날"

엄마랑 나랑 142번 버스를 타고 백석 대학에 갔다.

율동도 하고 김사무엘 선생님 기도를 했다.

야구 놀이도 하고 블록 쌓기 놀이도 했다.

독수리 식당에서 나는 제육덮밥을 먹고
코엑스 아쿠아리움도 갔다.

민물고기, 파충류, 원숭이, 박쥐, 신기한 물고기등을
봤다.

저녁이 되어 돈가스, 떡볶음, 샐러드도
만들었고 아이들이랑 놀았다.

엄마가 인사를 하고 집으로 갔다.

내년에 또 가고 싶었다.

WONDERFUL

2012년 7월 21일 토요일

<백석대학교 캠프 하는 날>

아이들은 서울에서 캠프에 참여하고, 그사이 부모들은 성인 발달장애인들이 모여 사는 파주의 한 마을을 견학했다. 농사도 짓고, 가공도 하고, 농산물을 팔기도 하는 제법 규모가 큰 농장이었다. 그런데 분명 공기도 시설도 좋고, 선생님들도 발달장애인들도 쾌활하고 밝았는데……. 모처럼 나들이 가는 길 재잘재잘 떠들던 엄마들이 돌아오는 버스 안에서는 조용히 창밖만 본다. 다들 생각이 많아졌던 거겠지. 나도 그랬으니까.

2012년 8월 17일 금요일

〈계곡 여행〉

엄마랑 나랑 호정이랑 민교, 승은이랑 유명산 계곡에 갔다.

점심을 먹고 수영을 하고 다람쥐가 나타나서

상현이가 도망을 쳤는데 다리가 다쳤다.

그리고 남양주종합촬영소에서 많이 구경을 했다.

저녁때 온누리식당에서 오리구이를 먹으면서 함께 놀았다.

나는 초코 소프트아이스크림콘을 먹었다.

집에 오는 떼 차가 오래오래 막혔다.

내년에 유명산 계곡에 또 가고 싶다.

어렸을 때 치료센터에서 만난 친구들과 많은 시간을 함께했다. 아이들에게도 그렇겠지만 엄마들에게도 소중한 시간이다. 이제는 다들 성인이 되었지만, 우린 서로서로 아이들의 어릴 적 귀여웠던 모습을 기억하고 있다. 그건 어쩌면 생각보다 중요한 일인지도 모른다. 서로에게 의지가 되고, 위로가 되고, 힘이 되는 사람들. 우린 서로를 '지지 세력'이라고 부른다.

2012년 9월 16일 일요일

〈화이트〉

엄마랑 같이 3호선을 갈아타고 4호선을 타서 혜화동에 도착했다.

연극치료 하시는 선생님의 연극을 보러 갔다.

그리고 내가 좋아하는 '오빠 강남스타일' 불렀는데

나쁜 오빠가 누나를 꽉 잡아서 크게 울었다.

연극 끝나고 형아 줄 피자도 사고, 나는 포장마차에서 먹었다.

진짜 좋은 하루였다.

다음에 형아랑 같이 화이트를 보러 가고 싶으면 좋겠다.

연극치료센터 선생님이 올린 연극이었다. 현대를 살아가는 마음이 아픈 사람들의 이야기. 장애아를 키우지 않아도 다들 아프구나……. 다 다른 결의 아픔이 있구나…….

아이가 장애가 없었다면 나는 지금보다 행복했을까? 알 수 없다. 한 가지 아픔이 너무 커서 살면서 겪게 되는 작은 아픔들은 그냥 통 크게 넘기는 사람이 있는가 하면, 한 가지 아픔이 너무 커서 다른 작은 아픔들을 더 크게 느끼고, 더 많이 아픈 사람이 있다. 마음에도 건강한 근육을 키워야 한다. 우리 엄마들은 더욱.

2012년 10월 2일 화요일

<메리다와 요술의 숲>

엄마랑 나랑 어린이대공원에 가서 동물 구경을 보고 사슴도 먹이를 주었다.

식물원을 봤다가 건대입구로 갔다.

식당가에 가서 나는 크로켓과 닭강정을 샀다.

3시에 아줌마들이 롯데시네마에서 만났는데,

영화가 늦어서 팝콘을 사지 못했다.

그래서 나는 슬퍼서 나는 팬돌이랑 귤젤리를 먹었다.

영화가 끝나고 엄마가 형아 것 피자를 샀다.

나는 제일 좋아하는 '메리다와 요술 숲' 책을 샀다.

참 좋은 영화였다.

영화를 보고 재미가 있으면 그 책을 사 달라고 한다. 본인이 흥미를 갖고 산 책이니 집에 와서도 몇 번씩 본다. 이렇게 하면 영화 내용을 이해하는 데도 도움이 된다. 나도 그럴 때가 있다. 가끔은 책의 그림을 따라 그리기도 하니 일석이조다. 그런데 덩치는 산만 한 녀석이 팝콘을 못 사서 슬펐다니……. 그런 일이 슬픈 상현이가 엄마는 부럽네.

2012년 12월 4일 화요일

<만화의집 가는 날>

기말고사 끝나고 오빈이 차 타고 서울에니메이션센터에 갔다.

포스터, 캐릭터 점토, 계단 올라가고 TV 등을 봤다.

엄마들이 만화의집에서

올말쫄망이, 헬로키티 명작 만화 시리즈를 봤다.

밥이 고약에서 나는 제육덮밥을 먹고 민규와 상현이와 함께

아이스에이지2를 봤다.

아쉽지만 집에 갔는데 차가 많이 맊였다.

참 즐거운 날이였다.

다음에 형이나 아빠랑 함께 서울애니메이션센터에서 갔으면 좋겠다.

지금은 이전했지만, 예전 서울애니메이션센터에 자주 갔다. 그곳에 가면 상현이는 어렸을 때 보던 비디오테이프를 자주 빌려 보았다. 너무 유치한 것 아닌가 싶기도 했지만 원하는 대로 하도록 두었다. 아이가 편안하고 행복해 보였기 때문이다. 나도 <영웅본색>을 보면 편안하고 행복하니까 이해한다. 그런데 밥이 고약이라니? 보약이겠지, 상현아! 으이그.

Date. Page.

<2013년 1월 16일 수요일>

"인어공주와 친구들"

엄마랑 상현이랑 아쿠아리움에 가서 정어리 수족관을 봤는데 인어공주 잠수부가 나왔다.

Under the sea를 들었다.

정어리떼가 춤을 추는거같이 수영을 했다

끝나고 비눗방울 장난감을 사고 프레리독을 봤다.

해파리, 문젤리, 복어, 펭귄등을 봤다.

코엑스 중국식당에서 나는 탕수육을 먹었다.

참 좋은 수족관이였다.

2013년 1월 16일 수요일

〈인어공주와 친구들〉

시장 고무 대야 안 미꾸라지와 횟집 수족관 물고기 보는 것도 좋아하는 상현이에게 아쿠아리움은 천국이다. 상현이는 아쿠아리움에서 가장 인기 있는 커다란 수족관을 구경하기보다 작은 어항의 복어가 커지기를 한참 기다리거나 피라냐가 날카로운 이빨을 드러내길, 전기뱀장어가 동화책처럼 '지지직' 전기를 뿜어내길 기다린다. 그렇게 많이 갔는데 한 번도 본 적이 없다. 그래도 우린 다음에도, 또 그다음에도 기다릴 것 같다.

Date. Page.

2013년 3월 23일 토요일

<서민교의 생일>

서울시립미술관에서 또 팀버튼전을 봤다

나는 회전목마를 봤더니 옷이 형광이 되어서 신기했다.

빈센트와 헨젤과그레텔, 영화포스터, DVD등을 봤다.

중국성에서 나는 마파두부 밥을 먹었다.

민교의생일을 축하하고 케익을 먹는데 호정이가 배탈이 났다.

덕수궁 퍼레이드를 봤더니 고전적이다.

엔젤인너스카페에서 나는 블루베리스무디를 먹었다.

나는 조금 무서웠고 형광등이 신기하고 참즐거운 하루였다.

다음에 형아랑 엔젤인너스카페에서 갔으면 좋겠다.

상현이의 우정어린한 체험활동을 선생님은 늘 부러워하고 있단다.

Good

2013년 3월 23일 토요일

<서민교의 생일>

중학교 2학년 즈음 되니 카페에 가 보고 싶어 했다. 장애가 있다고 해서 또래들이 그즈음에 갖는 욕구가 없는 건 아니다. 친구들이 하는 것은 다 하고 싶은 게 자연스러운 일이다.

카페에 가면 본인이 원하는 걸 주문하게 했다. 그런데 꼭 안 시켰으면 하는 요상하고 긴 이름의 음료를 시키곤 해서 마뜩잖은 적이 많았지만, 그냥 내버려 두었다. 본인한테 고르라고 해 놓고는 결국 내가 먹이고 싶은 걸 선택하게 하는 것 같아 상현이가 뭘 고르든 존중하기로 한 것이다. 몇 번 실패하더니 요즘은 비교적 무난한 메뉴를 고른다.

그런데 고쳐지지 않은 것도 있다. 카페에서 비싼 케이크를 주문하면 음료를 마시며 조금씩 잘라 먹는 게 보통인데, 상현이는 뚝뚝 잘라 두세 번 만에 그야말로 해치워 버린다. 상남자다. 하하하하.

2013년 5월 1일 수요일

〈충무로 구경하기〉

시험 이튼날, 엄마랑 나랑 전철을 타고 민규 가족,
진희 가족들이 충무로역에 만났다.
중국식당에서 많이 먹고 한옥마을에 갔다.
잉어들에게 먹이를 주고 타임캡슐도 봤다.
나는 타임캡슐을 열어 보고 싶었다.
만화의집에 갔는데 문이 다쳐서 아쉬웠다.
민규, 진희, 상현이랑 아이스크림을 나눠 먹었다.
그리고 3호선을 타고 집에 왔다.
한옥마을은 찐짜 아름담고 화려한 곳이다.
다음에는 형아랑 같이 한옥마을에 갔으면 좋겠다.

시험 기간이라 일찍 하교하고 친구 아빠가 점심을 사 주신다고 해서 그 분 직장 근처인 충무로에 갔다. 점심을 먹고 나서 한옥마을을 산책했는데, 상현이는 고즈넉한 한옥보다 타임캡슐이 더 신기했는지 계속 나한테 열어 달라고 했다. 진심으로……. 참 난감했다.

2013년 5월 4일 토요일

〈잠실롯데백화점〉

플로어볼이 끝나고 잠실역에서 민주, 민영이, 현지 이모를 만났다.

푸트코트에서 나는 떡볶기그라탕을 먹고 롯데리아에서

초코우유세이크를 먹었다

오락실에서 테트리스, 인형을 뽑았는데 진짜 어려웠다.

그래서 나는 짜증이 났다.

삼각김밥을 먹고 2호선을 가라타고 지하상가에 갔다.

다음부터는 짜증 내지 않기로 결심했다.

선생님: 인형 뽑기도 연습을 많이 하면 잘할 수 있단다.
무엇이든 짜증 내지 말고 열심히 연습하면 잘할 수 있어.^^

처음 인형 뽑기를 했을 때 초심자의 행운인지 두 번 만에 인형이 덜컥 걸려 올라왔다. 그 뒤로는 인형 뽑기 기계만 보면 해 보고 싶어 했는데, 어느 날 “이제부터 하고 싶으면 네 용돈으로 해” 하고 말했더니, 천 원 이상은 하지 않는다. 알뜰한 녀석.

Date. Page.

2013년 5월 17일 금요일

<크루즈패밀리 보러가기>

엄마랑 같이 메가박스에 갔다.

카라멜 팝콘을 사고 크루즈 패밀리를 봤다.

원시시대 가족이야기 였다.

엄마는 아빠가 못 건너와서 슬펐다고 했는데
나는 별로 슬프지 않았다.

끝나고 롯데슈퍼에 가서 양념치킨을 샀다.

참 재밌는 원시시대 영화였다

나도 '크루즈패밀리' 보고 싶었는데
재미있었겠다.
좋은 엄마를 둔 '상현'이가
부럽다.

WONDERFUN

2013년 5월 17일 금요일

<크루즈 패밀리 보러 가기>

사회성이 부족한 상현이는 공감 능력이 부족하다. 영화를 보면 스토리를 잘 이해하지 못해서인지 그저 도망가고 엎어지고 자빠지는 유치하고 다소 자극적인 장면을 좋아했고, 모두 슬퍼하는 장면에서는 무덤덤하기도 했다. 이즈음 상현이가 느끼는 감정이 빨강, 노랑, 파랑 3색 정도였다면 성인이 된 지금은 12색 정도랄까? 더 다양한 감정을 느낄 수 있게 되길 기대하며 우리는 오늘도 영화를 본다.

2013년 6월 6일 목요일

〈청계천광장 바자회〉

청계천광장 바자회에 갔다.

청계천 내려가서 물놀이를 했는데 '수영하지 마시오'라고 써 있어서 속상했다.

그래서 걸어갔다.

퍼레이드도 보고 인사동에 가서 옛날 상가들이 많았다.

그리고 광장시장에서 빈대떡식당이 약한 더러워서 먹지 않고 사 가지고 왔다.

두타태워에서 모듬떡볶기를 먹고 집에 왔다.

나는 피곤했다.

다음에 형아랑 광장시장에 갔으면 좋겠다.

하루 주일에서 청계천에서 발로 첨벙한 것이 제일 재미있었다.

"다음에 형아랑 광장시장에 갔으면 좋겠다"고 썼지만, 광장시장에 들어선 상현이는 코를 막고 얼른 나가자고 했다. 엄청 좋아할 거라고 예상했는데 완전히 빗나갔다. 이렇게 아이의 지나친 솔직함이 가끔 나를 당황스럽게 한다. 언젠가는 성당 앞에 돈통을 놓고 엎드려 있는 할아버지한테 "할아버지, 거지예요?" 하고 물은 적도 있다. 이럴 땐 정말 어째야 할지 난감하다.

2013년 6월 12일 수요일

〈한강에서 자전거 타기〉

저녁을 먹고 한강에 갔다.

자전거를 탔는데 오래만이였다.

나는 멀리 가고 싶었는데 못 갔다. 왜냐하면 해가 지기 때문이다.

하늘이 새빨께지고 해님이 동그라고 빨강색이였다.

용암 같은 색깔이였다.

색깔이 아름다웠다.

참 화려한 노을이였다.

선생님: 표현이 참 아름답구나. 선생님이 마치 노을을 보고 있는 느낌이야.

어릴 때 한강에서 자전거를 타다가 사고가 있어서 그 뒤로 잘 타지 않았다. 몇 년 만에 탔는데, 본인도 그때를 기억하고 확실히 조심하는 것 같았다. 신이 나서 쉬지도 않고 계속 달리길래, "어디까지 가는 거야?" 하고 뒤에서 불렀더니 "경기도까지요!" 하고 답한다. 옆에서 자전거 타던 아저씨들이 막 웃었다.
정말 나도 한번 멀리까지 달려가 보고 싶은데, 요즘 한강에는 자전거 동아리 사람들이 너무 쌩쌩 달려서 엄두가 나질 않는다.

Date. Page.

2013年 6月 26日 (水)

<서초 사랑어린이집>

키자니아 체험 끝나고 엄마랑 서초사랑어린이집에 갔다.

윤꽃보라 선생님을 만났다

나는 단호박과 우유를 마시고 놀았다

그리고 지하 1층에서 책구경을 하고 선물도 받았다.

내가 유치원 때 윤꽃보라 선생님이 가르쳐 주셨다

참 잘했어요

오랜만에 어린이집에 가니까 매우 좋았다,

선생님들이 나를 보고 깜짝 놀라셨다.

왜냐하면 내 키가 많이 커졌기 때문이다.

집에 올 때 윤꽃보라 선생님이 예뻐요 하고 물어봤는데 내가 못생겼어요 라고 대답했다.

그랬더니 윤꽃보라 선생님이 쓰러졌다.

다음에 또 서초사랑어린이집에 갔으면 좋겠다.

상현이는. 상현이를 사랑해 주고 기억해 주는 사람이 많아 좋겠다. 앞으로도 소중한 인연 계속 이어가길......

2013년 6월 26일 수요일

〈서초사랑어린이집〉

상현이는 한 해를 유예해서 여덟 살 때도 어린이집에 다녔다. 어릴 때는 월령이 참 중요해서인지, 그 한 해 동안 상현이는 자리에 앉아 활동할 수 있게 되었고, 글씨도 쓸 줄 알게 되었다. 다 윤꽃보라 선생님 덕분이다. 상현이를 정말 많이 예뻐해 주시고, 그날 있었던 일을 매일 교환일기장에 빼곡히 써 주셨다. 선생님과 함께한 1년 동안 상현이는 정말 많은 변화를 보였고, 편식도 좋아졌다. 어린이집 졸업식 날 주신 앨범을 보고 깜짝 놀랐다. 아이의 어린이집 생활이 담긴 어마어마한 양의 사진과 메모들……. 사랑과 진심이 아니면 할 수 없는 일이었다.

초등학교 입학을 앞두고 걱정하는 나에게 "어머니, 아무 걱정하지 마세요. 상현이는 어딜 가나 사랑받을 거예요. 매력에 한 번 빠지면 헤어 나올 수가 없거든요"라고 하셨다. 나에게 용기를 주려고 건넨 말이라 해도, 나는 위로를 받고 희망을 품게 되었다.

선생님, 잘 지내시죠? 많이 뵙고 싶네요.

4장 우리는 말없이 하늘을 바라보았다

나는 늘 아이가 자연의 아름다움을 느낄 줄 알고, 자연을 아끼고 사랑하는 아이가 되길 바랐다. 상현이는 장미나 라일락, 아카시아 할 것 없이 길에 꽃이 보이면 멈춰 서서 향기를 맡곤 한다. 그러면 나도 가던 발길을 멈추고 함께 꽃향기를 맡고 아이가 충분히 느낄 때까지 기다린다. 상현이는 하늘을 보고, 구름 구경하기도 좋아해서 사진을 많이 찍는다. 아이 덕에 나 역시 하늘을 나는 철새도, 돋아나는 새싹도, 흘러가는 구름도 유심히 보게 되었다.

학교에 가지 않는 주말이나 수업이 일찍 끝나는 시험 기간이면 우리는 미술관으로, 박물관으로, 영화관으로 많이 나들이 갔다. 가끔 사람들이 묻는다. "아이가 그걸 다 이해해요?" 나는 미술 작품이든 박물관 전시품이든 영화든, 아는 만큼 이해하면 된다고 생각한다. 상현이도 마찬가지다. 누가 더 나을 것도 모자랄 것도 없다. 관람을 마치고 아이와 이야기를 나누다 보면 가끔 독특한 자기만의 생각을 이야기해서 내가 깜짝 놀랄 때도 있다. 무엇을 어떻게 느끼든 그건 아이 몫이다. 정답은 없다.

상현이는 길눈이 밝아서 한 번 갔던 길은 웬만해서는 잘 안 잊어버린다. 선생님과 현장학습을 나간 날, 사방으로 길이 난 고속터미널 인근 지하상가에서 선생님이 길을 헤매자 상현이가 자기를 따라오라고 하더니 금방 식당을 찾았다고 한다. 그 지하상가는 어지간해서는 찾기 어려운 길이라 그런지 가끔 아이에게 길을 묻는 사람들이 있다. 내가 듣기엔 상현이가 꽤 정확히 가르쳐 주는데도 대답을 들은 사람들은 고개를 갸우뚱한다. 말이 어눌하니 믿음이 안 가는 표정이다.

다행히 상현이는 책과 영화를 좋아해서 여러 면에서 도움을 받았다. 책에서는 지식을 배우고, 영화에서는 언어나 사회성을 배운다. 책을 많이 읽는다 해도 본인 나이에 맞는 어려운 책을 읽는 건 아니고, 유치원이나 초등학교 저학년 수준의 책을 주로 보는데, 사실 그 정도만 알아도 세상 사는 데 별 불편함은 없을 것 같다.

영화는 영화관에 가서 1년에 50편 정도 본다. 모든 걸 직접 경험할 수 없으니 간접경험이 중요하다. 나는 상현이와 함께 보고 싶은 영화를 예매하고 같이 보기도 한다. 아이와 함께 영화를 보고, 같이 책을 읽는 일은 매우 중요하다. 같은 것을 보고 공감하면서 더 많은 이야기를 나눌 수 있고, 더 깊이 이해할 수 있다.

지금은 본인이 예고편을 찾아보고 예매하기도 하는데, '장애인 우대' 칸에 체크할 때면 나도 모르게 아이 눈치를 슬쩍 보게 된다. 아직도 말이다. 시간이 많이 흘렀어도 익숙해지지 않는 것도 있나 보다.

영화나 전시회를 보고 온 날은 꼭 일기를 써서 기록한다. 상현이는 영화관이나 전시회장에 다녀오면 꼭 리플릿을 챙겨 오는데, 일기 쓸 때 참고한다. 영화 리플릿, 전시회 팸플릿, 박람회 자료집, 건물 안내지도……. 남들에겐 한번 보고 버릴 것들인지 몰라도 이런 각종 인쇄물이 상현이에게는 큰 보물이다.

기록하는 습관은 상현이에게 큰 도움이 되었다. 학교를 졸업한 지금도 학교 다닐 때처럼 매일 다이어리를 쓰고, 용돈기입장을 작성하고, 다이어트할 때는 체중 체크 그래프를 만든다. 고등학교를 졸업할 때 아이 사물함을 정리하다가 상현이 노트를 봤는데, 비장애 아이들과 함께 수업 받는 원반 수업 시간에 얼마나 노트 정리를 깨끗이 했던지……. 이해하지도 못했을 내용을 열심히 필기한 걸 보니 눈물이 핑 돌았다.

상현이는 지인들의 생일을 기억했다가 매년 축하카드를 보내고, 크리스마스카드도 꼬박꼬박 보낸다. 작년, 재작년 연말 크리스마스카드를 보냈던 명단을 버리지 않고 가지고 있다가 11월이 되면 검토하고 추가할 사람을 넣어 새로운 명단을 만든다. 나는 상현이의 그런 모습이 기특하기도 하고, 재미있기도 하다.

본인이 이렇게 꼼꼼하다 보니 다른 사람들도 다 그런 줄 아는지 할머니나 이모 집에 가면 자기가 보낸 생일카드와 크리스마스카드를 꼭 확인한다. 언젠가 한번은 상현이가 외할머니 댁에 가서 본인이 쓴 카드를 찾았는데, 할머니가 못 찾고 적잖이 당황하셨다. 그리고 며칠 뒤 금괴라도 찾으신 듯 기쁜 목소리로 전화하셨다. 이참에 상현이에게 카드를 받은 분들에게 한 말씀 드리고 싶다.

"잘 보관하고 계세요! 언제 확인하러 갈지 몰라요!"

Date. Page.

2013年 7月 19日 (金)

〈회색 양떼구름〉

엄마랑 킴스클럽에가다가 하늘에 봤더니
너무 멋있어서 옥상에서 구경했다.

양떼구름이라고 엄마가르쳐 주셨다.

그런데 하얀색이 아니고 회색이었다.

정말 신기했다.

구름 뒤에는 주홍색이랑 노랑색이였는데
파도처럼 보였다.

하늘이 참 색깔이 아름다웠다.

그래서 사진을 찍었다.

그리고 과자를사고 잠원성당에서 엄마랑
포장했다.

상현이는 사물을 보는 눈이 아주 '아름답니다'

2013년 7월 19일 금요일

〈회색 양떼구름〉

우리는 노을 보는 것을 좋아해서 시간이 나면 한강에 나가 해 질 녘 풍경을 감상하고, 여의치 않으면 아파트 옥상에서 구경하기도 한다. 이 시간이 아이도 나도 참 행복하다. 말없이 고요한 시간, 아이와 내가 같은 것을 보고 있다. 상현이도 나와 같은 것을 느낄까? 아이와 깊은 대화를 나눌 수는 없어도, 같은 하늘을 보고 있는 이 시간이 참 소중하다.

Date. Page.

2013년 7월 31일 수요일

〈국립과학관〉

호정이랑같이 과천국립과학관에갔습니다.

여러가지 보았는데 동물들과 공룡, 인체가 재미있었습니다.

자전거를타면 해골이 나오는것도 신기했습니다.

그리고번개와 천둥을 구경했습니다.

너무 시끄러워서 귀를 꼭 막았습니다.

그리고 현대미술관 옆에 있는 청소년 캠프장에는 계곡에서 놀았습니다.

그런데 나무 밑동에 버섯들 많았는데 엄마가 독버섯이라고 만지지 말라고 하셨습니다.

그래서 긴 장대로 독버섯을 콕콕 찔러보았습니다

쿠션처럼 부드럽고 푹신 푹신 했습니다.

그리고 아이스 초코를 먹고 집으로 왔습니다.

우리도 언제 과학관 또 가자 ^^

2013년 7월 31일 수요일

<국립과학관>

국립현대미술관 위에 있는 캠프장은 숲이 우거지고 조용해서 좋다. 계곡이 좀 좁긴 하지만, 조용한 숲속에 앉아 있는 것만으로도 힐링이 되는 곳이다. 이날은 비가 온 뒤라 버섯이 많이 올라왔었나 보다. 동네 가로수 밑에 올라온 버섯을 보고도 좋아하는데, 이날은 아주 신이 났다. 참 욕심 없고, 소박한 것에서도 행복을 느끼는 김상현이다.

2013년 9월 7일 토요일

〈숭실대입구〉

얘기 때 현대아파트에 살아던 기억이 났어요.

그래서 엄마하고 숭실대입구역에 갔어요.

얘기 때 언어치료 간 거 기억이 났어요.

어린이집에 다닌 것도 기억났어요.

상가도 한 바퀴 돌았어요.

상현중학교도 갔어요.

그리고 내방역에 내려서 쭈꾸미비빔밥을 먹었습니다.

그리고 민규네 집에 놀러 갔습니다.

민규랑 닌텐도 하고 싶었는데 대신 컴퓨터를 했습니다.

그리고 버스를 타고 집에 왔습니다.

선생님: 상현이는 기억력이 좋구나. 선생님도 미래에 좋은 선생님으로 기억되고 싶구나.

요즘도 가끔 예전에 살던 아파트 이야기를 하고, 가고 싶다고 한다. 집에도 들어가 보고 싶다는 걸, 지금은 남의 집이라고 말렸더니 못내 아쉬워했다. 상가에는 지금도 낯익은 분들이 계셔서 나도 좀 신기했다. 멀지 않은 곳인데, 아련하기만 하다.

양미수 선생님, 저도 상현이도 당연히 좋은 선생님으로 기억하고 있습니다. 선생님께서 졸업식 날 "상현이가 3년 동안 정말 많이 성장했어요. 고등학교 3년도 꼭 그럴 거예요"라고 하신 말씀, 기억하고 있습니다. 그땐 고등학교가 너무 높은 벽같이 느껴졌는데, 선생님 말씀을 듣고 해볼 만할지도 모른다고 생각했습니다. 감사합니다.

Date. Page.

2013년 9월 14일 토요일

〈몬스터 대학교〉

롯데시네마에서 몬스터대학교를 봤습니다

극장이 자리가 조금이 있었다.

괴물들이 겁주기선수를 본 장면이였습니다.

영화가 끝나고 분식점을 갔는데 나는 배가 아팠습니다.

오빈이아줌마가 인사를 하고 집으로 왔습니다

참 재밌는 디즈니 영화였습니다.

마이크 목소리는 이인성이였습니다.

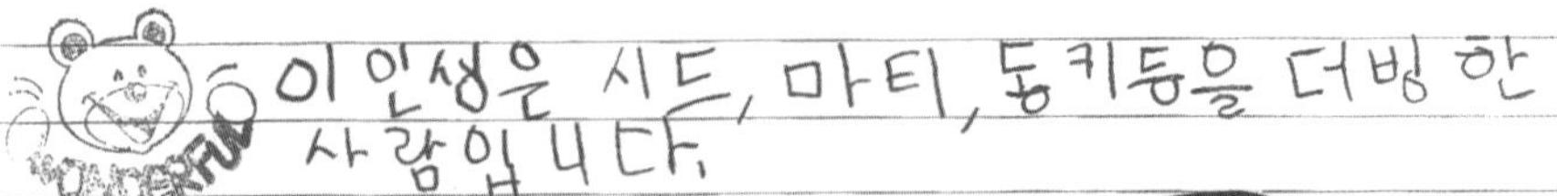

이인성은 시드, 마티, 돈키등을 더빙한 사람입니다.

우와!!! 재미있었겠다

선생님도 '일요일'에 구경가야 겠다 ^^

2013년 9월 14일 토요일

<몬스터 대학교>

영화를 보면 엔딩크레딧이 다 올라갈 때까지 본다. 혹시 쿠키 영상이 있을까 궁금해서이기도 하고, 더빙영화일 경우엔 성우를 확인하고 싶어서이기도 하다. 요즘은 디즈니, 픽사, 워너브라더스 같은 유명 애니메이션 영화의 엔딩크레딧에서 한국인 이름 찾는 재미가 쏠쏠하다. 이렇게 화면이 완전히 꺼질 때까지 남아 있는 사람은 거의 우리 둘뿐이다. 아르바이트생이 빗자루를 들고 서성거리면 괜히 미안한 마음도 드는데, 그래도 아이가 보고 싶다고 하니 끝까지 기다려 주는 게 상현이와의 '의리'라고 생각하고 앉아 있곤 한다.

2013년 9월 15일 일요일

<치과진료>

성당 끝나고 사랑의복지관에 갔습니다.

왜냐하면 충치치료를 받기 위해서 갔습니다.

기다리면서 배, 다리가 벌벌 떨려 집에 가고 싶었습니다.

여기는 치과가 아니고 보건실이랑 비슷했습니다.

치과치료 해 보니까 생각보다 안 무섭고 안 아팠습니다.

엄마가 용감하다고 칭찬해 주셨습니다.

다 끝나고 거울 보니가 앞니가 깨끗해져서 신이 났습니다.

다음에는 더 잘할 수 있습니다.

이제 치과는 무섭지 않습니다.

선생님: 용감한 상현이 수고했어요. 그래서인지 상현이 이가 더 반짝거리고 눈부셔요. 얼굴도 정말 멋진 '핸썸보이'가 되었네.^^

초등학교 6년 동안 치과검진에서 '검사 불가' 판정을 받았던 상현이가 처음으로 스스로 치과진료를 받은 그야말로 기념비적인 날이다. 내가 치과 때문에 고민하자 친한 엄마가 소개해 준 곳이었는데, 복지관 봉사자 선생님들이 운영하는 곳이어서 그랬는지 두려움이 덜했던 것 같다. 한 손은 좋아하는 책을 꼭 쥐고, 다른 한 손은 내 손을 꼭 잡고 참아 보려고 노력하는 모습이 대견했다. 어렸을 때 수면마취를 시키고 치과에서 치료한 적이 있었는데, 어쩐지 마취가 제대로 되지 않았다. 비몽사몽 받은 첫 치과치료는 그야말로 악몽이었을 것이다. 그 이후로는 치과 간판이 있는 건물에도 들어가기 싫어했다. 나로 인해 생긴 트라우마다. 한순간에 생긴 트라우마를 극복하기까지 10년이 걸렸다.

2013년 9월 19일 목요일

〈추석날〉

오늘은 추석입니다.

한양에서 맛있는 토란국, 갈비, 동그랑땡을 먹었습니다.

하남시 할머니 댁에서 할머니가 속초에서 사 오신 닭강정을 먹었습니다.

또 한양에서 저녁을 먹고 나는 아이빳을 했습니다.

하늘을 보니 보름달이 예뻤습니다.

엄마가 소원을 빌라고 해서 똑똑한 상현이가 되게 해 달라고 빌었습니다.

또 형아가 공부 잘하게 해 달라고 빌었습니다.

선생님: 상현이 소원 꼭 이루어 주실 거야. 그리고 지금의 상현이도 무척 똑똑하고 성실하답니다.

상현이의 기도를 귀 기울여 들어 보면, 자신을 위한 기도는 별로 없고 대부분 가족을 위한 기도다. 엄마, 아빠, 형, 할머니, 할아버지, 심지어 이모네 강아지를 위해서까지 기도하면서도 정작 본인을 위해서는 별로 기도하지 않는다. 언젠가 삼수하는 형을 위해 "형을 똑똑하게 해 주세요" 하고 기도하는 걸 옆에서 들은 적이 있는데, 참 웃프다는 게 이런 걸 두고 하는 말이 아닌가 싶었다.

2013년 9월 21일 토요일

〈삼청동 나들이〉

갤러리현대에서 김창열 화백의 물방울 그림을 봤습니다.

그림의 물방울이 진짜처럼 보였습니다.

마치 빗방울처럼 보였습니다.

그리고 경복궁에서 국립민속박물관에서 악기도 연주하고

절구도 찧었습니다.

옛날 거리에는 만화방, 옛날 텔레비전, 사진관도 있었습니다.

삼청동에서 점심을 먹고 레몬에이드를 마셨습니다.

길거리에서 비눗방울 공연도 보았는데 신기했습니다.

즐거운 삼청동 나들이였습니다.

다음에는 형아랑 같이 갔으면 좋겠습니다.

중학생이 되었어도 공부에 스트레스가 없는 상현이는 시험 기간이나 주말, 방학을 이용해 여러 곳을 다녔다. 한마디로 노는 게 공부인 셈이다. 고등학생인 형은 당연히 그러질 못하니 가끔 형에게 으스대며 묻곤 한다. "형, 삼청동 가 봤어? 홍대는?" 형은 참 어이없다는 표정이다.

2013년 9월 27일 금요일

〈이치와 스크레치 인형극〉

조금만 테이블에 무대를 꾸몄습니다.

클레이 상자, 퍼즐 상자 등으로 꾸몄습니다.

점토로 만든 이치와 스크레치 인형에 실을 붙이고 인형극 놀이를 했습니다.

아빠가 얘기 놀이라고 해서 속상했습니디.

그래서 엄마랑 둘이 했습니다.

내가 먼저 공연하고 그다음에 엄마가 공연을 했습니다.

참 재밌는 인형극이였습니다.

역할극은 사회성이나 심리치료 면에서도 좋은 것 같다. 누구에게 보여주기 위한 것도, 평가를 받기 위한 것도 아니고, 아이에게 도움이 된다면 그것이 놀이든 뭐든 상관없다. 아이의 부족한 부분을 하나씩 메워가는 게 중요하다. 그게 유아 수준이라 하더라도 나는 전혀 상관없다.

2013년 10월 12일 토요일

<즐거운 가을날>

택시를 타고 한우리에 가 친구들을 만나서 우면산에 올라갔습니다.

산에 올라가면서 도토리와 밤을 주었습니다.

산에 올라가 보니 남산타워, 빌딩이 보였습니다.

하늘도 맑고 깨끗했습니다.

절에 약수터가 있어서 물을 마셨는데

겨울방학에 약수터 물이 얼었나 안 얼어나 다시 와 보기로 했습니다.

산을 내려와서 예술의전당에 가서 음악회도 보고 젤라또를 먹었습니다.

그리고 피카소 전시회에 갔습니다.

부엉이 그림, 여자 그림, 비둘기 그림이 있었습니다.

음료수를 마시고 집에 왔습니다.

형아랑 또 가고 싶습니다.

서울 시내에는 가볍게 등산할 만한 곳이 많고 사계절이 다 매력적인데 자주 가지는 못했다. 아이가 성인이 된 후에 '서울둘레길걷기' 프로그램에 참여하면서 남산이나 안산 둘레길, 아차산, 북한산, 대모산 등을 걸어 보니, 왜 진작 와 보지 않았나 하는 후회가 들었다. 산 위에서 부는 바람을 맞으며 내려다보는 도시의 풍경은 또 다른 느낌이다.

2013년 10월 16일 수요일

<소마미술관>

전철을 타고 몽촌토성역에 도착했습니다.

소마미술관에 체험학습을 했습니다.

벽화에는 원시시대 사람들이 그려져 있었습니다.

가면을 꾸미고 소마미술관 선생님께 인사를 했습니다.

점심을 먹고 까리따스 방배종합복지관에 갔습니다.

비즈공예 시간엔 목걸이를 만들었습니다.

다 만들고 이진희 선생님께 인사를 했습니다.

다음에 엄마랑 소만미술관에 갔으면 좋겠습니다.

특수학급과 관내 복지관이 연계하여 진행하는 다양한 프로그램에 참여했다. 비즈공예 활동으로 소근육 발달과 집중력 향상에 도움을 받았다. 무엇보다 아이가 그 시간을 좋아했고, 본인이 만든 액세서리를 나에게 선물하면서 더 기뻐했다. 나는 매년 여름, 아이가 한 알 한 알 꿰어 만든 알록달록한 팔찌를 즐겨 한다. 이탈리아 장인이 만든 어떤 명품 팔찌 부럽지 않다.

2013년 10월 22일 화요일

<양수리 그린토피아>

버스를 타고 양수리 그린토피아에 갔습니다.

양수리 그린토피아는 2011년에 명동성당에서 왔었습니다.

그때에는 딸기쨈을 만들었습니다.

오늘은 배를 따고 배쨈을 만들었습니다.

배는 뱅글뱅글 돌려서 땄습니다.

점심을 먹고 화전을 만들었습니다.

화전은 고소한 맛이었습니다.

사진을 찍고 집으로 왔습니다.

날씨는 맑았습니다.

배쨈은 엄마한테 드렸습니다.

내일 아침에 배쨈을 발라서 먹겠습니다.

배는 뱅글뱅글 돌려서 따야 한다는 것을 상현이 일기를 보고 처음 알았다. 화전도 텔레비전에서 보기만 했지 먹어 본 적은 없는데, 상현이는 나보다 더 다양한 경험을 하고 있다. 나도 아이 덕분에 딸기와 포도 따는 체험을 한 적이 있는데, 여간 힘들지 않았다. 이후로는 과일값이 비싸다 싶어도 그때 기억을 떠올리며 감사한 마음으로 산다.

Date. Page.

2013년 11월 1일 금요일

〈레일 바이크〉

용문산으로 레일 바이크를 타러 갔습니다.

휴게소에서 점심을 먹었는데 오락실들, 악기들이 있었습니다.

나는 오락실 구경을 하고 싶었는데 선생님께서 레일 바이크를 타러 가자고 하셨습니다.

용문사에서 산책을 했습니다.

단풍나무와 은행나무들이 많았습니다.

레일 바이크를 처음 타봤는데 재미있었습니다.

다음에 엄마랑 같이 레일 바이크를 탔으면 좋겠습니다.

시골집도 보고 강도 보였습니다.

참 아름다웠습니다.

레일바이크도 재미있고 단풍도 예쁘고 좋은 가을여행 했습니다.

2013년 11월 1일 금요일

〈레일바이크〉

체험학습을 하고 오면 엄마랑 꼭 같이 가 보고 싶다, 해 보고 싶다고 일기에 쓴다. 특히 레일바이크를 같이 타고 싶다는 이야기를 많이 했는데, 그래 하고 건성으로 대답했었다. 그러다 얼마 전에 또 이야기하길래, 큰맘 먹고 레일바이크를 타러 갔다. 6~7년 만에 약속을 지킨 것이다. 나는 새로운 것을 보면 아이에게 보여 주고 싶은데, 아이도 새로운 것을 보면 내 생각이 나는가 보다. 이날 상현이와 같이 레일바이크를 탔던 학습지원실 선생님께서 "어머니, 오늘 상현이 아니었으면 큰일 날 뻔했어요" 하셨는데, 그 말이 무슨 말인지 직접 타 보고 알았다. 계속 밟아야 앞으로 나가는 레일바이크 페달을 어찌나 신나게 밟던지……. 송글송글 땀이 맺힌 얼굴에는 커다란 웃음이 가득했다.

Date. Page.

2013년 11월 3일 일요일

<강아지기르기>

아빠가 할머니 산소 가셨다가 길 잃은 강아지를 데리고 집으로 왔습니다.

강아지는 갈색이었고 짖지도 않고 이도 없습니다.

애기때 강아지 '똘똘이'를 밟아서 미안했습니다.

다음부터 강아지를 밟지 않기로 결심했습니다.

나는 뛰지 않았습니다.

밥도 주고 물을 핥아 먹었습니다.

이제 강아지는 무섭지 않습니다.

그런데, 서진 누나네 집에 맡겼습니다.

그래서 기분이 속상했습니다.

불쌍한 강아지구나.

기회있을때마다 강아지 돌봐주렴.

2013년 11월 3일 일요일

<강아지 기르기>

남편이 할머니 산소에 갔다가 길 잃은 강아지라며 데리고 왔다. 평소 강아지를 키우면 아이에게 좋을 것 같다는 생각은 했었지만, 난감했다. 우선 강아지를 키우는 형님 댁에 데리고 온 강아지를 맡겼다. 혹시 주인이 있을지 모른다는 생각이 들어 다음 날 산소 인근 마을에 갔다. 다행히 주인을 찾았는데, 어미 개를 보고 깜짝 놀랐다. 어미가 황소만 한 사냥개였던 것이다. 몇 년이 지난 지금도 상현이는 '허쉬' 이야기를 한다. 허쉬는 그 초코 색 강아지에게 상현이가 지어 준 이름이다.

2013년 11월 7일 목요일

〈정동길 및 서울도서관〉

엄마랑 덕수궁역에서 내렸습니다.

돌담길을 따라서 은행나무들이 많아서 노랗게 되었습니다.

은행 지리밭이 많아서 밟았습니다.

그랬더니 냄새가 많이 났습니다.

점심 먹고 13층에 있는 카페 갔는데 덕수궁이 보이고

단풍나무들, 은행나무들이 보였습니다.

그리고 서울북페스티벌에 가서 구경을 했습니다.

책들이 많았습니다.

서울시청 도서관에 가서 책을 많이 보았습니다.

남대문시장에서 야채호떡을 샀는데 줄 많이 서서 속상했습니다.

귤 사고 집으로 왔습니다.

오늘은 아름다운 가을이었습니다.

나는 예전부터 늦가을이면 정동길에 가는 걸 좋아했는데, 남편에게 같이 가자고 하면 엄청 선심 쓰듯 마지못해 가 주었다. 그런데 우리 상현이는 기쁜 마음으로, 신이 나서 함께 나선다. 이젠 매년 가을 아들과 함께 덕수궁 돌담길을 걷는다.

2013년 12월 6일 금요일

〈JOB월드〉

JOB월드에서 퀴즈를 풀고 체험을 했습니다.
4층에서 4D영상관으로 갔습니다.
제목은 '생명수의 비밀'입니다.
다 보고 푸드코트에서 점심을 먹었습니다.
상현이가 좋아하는 불고기덮밥이었습니다.
구슬아이스크림을 나눠 먹고 책을 많이 봤습니다.
4D영상관은 소리가 나고 재미있었습니다.
나중에 엄마랑 JOB월드에 갔으면 좋겠습니다.

학창 시절, 상현이의 미래를 생각하면 늘 막막하고 조바심이 나고 불안했다. 앞날이 그려지지 않고, 뿌연 안갯속에 숨어 있는 것 같았다. 그래서인지 중고등학교 때 키자니아나 잡월드에서 여러 직업 체험을 할 때도 놀이동산에서 노는 것과 다름없다 싶었고, 동떨어진 일처럼 느껴졌다. 그렇지만 지나고 보니 이런 놀이 같은 직업 체험도 나름대로 의미가 있었구나 싶다. 한 번 두 번 경험이 쌓이면서 상현이는 직업이 무엇인지 생각해 보게 되었고, 성인이 되면 직업을 가져야 하는구나 하고 자연스럽게 알게 되었다.

2013년 12월 23일 월요일

〈쫑파티〉

반포종합사회복지관에서 쫑파티를 했습니다.

청팀 백팀으로 나눠서 경기를 했습니다.

짐볼 들고 달리기, 이인삼각 경기도 했습니다.

꼬리잡기 시합도 했습니다.

청팀이 2대1로 이겼습니다.

피자를 먹고 신나게 놀았습니다.

아쉽지만 모두들 인사했습니다.

내년에도 쫑파티를 했으면 좋겠습니다.

특수체육 수업 쫑파티에서 의외로 아이들이 승부욕이 강하다는 걸 알았다. 이번 학기 특수체육은 체력 단련보다 규칙이 있는 스포츠 위주로 진행되어서, 체력뿐 아니라 사회성을 기르는 데도 도움이 된 것 같다. 아이들이 최선을 다해 경기에 참여하고, 큰 소리로 응원하고, 기뻐하고, 아쉬워하는 모습이 기특했다. 재미있는 건 엄마들이 더 최선을 다해 응원하고, 더 기뻐하고, 더 아쉬워했다는 것이다.

2014년 1월 1일 수요일

〈새해 첫날〉

오늘은 새해 첫날입니다. 올해는 말띠 해입니다.

나는 17살이 되었습니다. 이제 3학년이 됩니다.

3학년이 되면 중얼거리지 않겠습니다.

할머니 댁에서 떡국을 먹었습니다.

이번 방학에 운동을 열심히 해서 꼭 살 빼기로 결심했습니다.

아침마다 지하상가 끝까지 산책을 했습니다.

2014년에도 건강하고 행복한 상현이가 되겠습니다.

선생님: 상현이가 벌써 17살 3학년이라니 믿기 힘들다. 입학식이 어제같이 생생한데. 앞으로도 우리 즐겁고 보람차게 보내자.

편식하는 버릇이 고쳐지면서 살이 많이 쪘다. 나는 날마다 보니 그렇게 비만해졌는지 잘 몰랐는데, 어느 날 사진을 보고 깜짝 놀랐다. 이후에 줄넘기를 시작했는데, 처음에는 힘들어했지만 금세 적응했다. 100킬로그램에 육박했던 체중이 80킬로그램 초반으로 떨어졌다. 체중이 빠지니 주위 분들도 '멋지다' '대단하다' 칭찬해 주셨고, 본인도 신이 나서 더 열심히 했다. 무엇보다 자존감이 높아졌다. 직장을 다니면서 다시 조금 찌긴 했지만, 지금도 저녁을 먹고 나면 줄넘기를 하러 나간다.

2014년 1월 2일 목요일

<길 잃어버리지 않기>

엄마랑 종로 영풍문고에 가려고 하는데
현경이 누나 엄마에게 전화가 왔습니다.

고속터미널 성당에서 현경이 누나를
잃어 버렸다고 했습니다.

그래서 엄마와 같이 고속터미널 성당에
갔는데 그때 경찰관이 현경이누나를 찾았습니다

나도 길 잃어버릴까봐 걱정이 되었습니다.

엄마 전화번호도 꼭 외우고, 엄마한테
이야기를 하고 다른 곳으로 이동하기로
약속 했습니다

복잡한 곳에서 엄마를 잃어버리면 혼자
돌아 다니지 않고 제자리에 서서 기다리기로
약속 했습니다.

'역시' 상현이는 엄마 말도 잘 듣고
약속도 잘 지키고 참 훌륭하다.

2014년 1월 2일 목요일

<길 잃어버리지 않기>

상현이도 어렸을 때 길을 잃은 적이 있다. 어린이집에 다니기 전에 잠깐 보낸 놀이방에서 아이가 없어진 것이다. 맨발로 나간 아이를 몇 시간 만에 몇 블록 떨어진 파출소에서 찾았다. 퇴근하던 경찰관이 아이가 맨발로 다니는 걸 이상하다 여기고 이름을 물었는데 대답을 못 하더란다. 그래서 인근 파출소에 데려다주었고, 신고가 되어 있던 아이를 다행히 찾을 수 있었다.

그 놀이방을 꽤나 좋아했는데 왜 나갔을까 궁금했는데, 몇 년이 지나고 본인 의사를 조금 표현할 수 있게 되었을 때 그 이유를 들려주었다. "상현이가 탈출했죠. 슈퍼에 가려고." 놀이방 아래쪽 주택가에 조그만 구멍가게가 있었는데, 거기에 가 보고 싶어서 선생님 몰래, 그것도 맨발로, 그야말로 '탈출'한 것이다. 이런 '탈출'은 그 뒤에도 이어져서 한동안 현관문 안쪽에 자물쇠를 채우고 지냈다.

2014년 2월 14일 금요일

〈노량진역〉

노량진역에서 이모를 만나기로 했습니다.

내 파란 지갑이 없어서 속상했습니다.

대신 엄마 카드로 찍었습니다.

노량진역에는 옛날 건물, 간판, 포장미차가 많았습니다.

포장마차에서 먹고 싶었는데 못 먹어서 아쉬웠습니다.

그리고 수산 시장에 못 가서 속상했습니다.

아빠가 메시지가 와서 무랑 숙주를 사서 할머니 댁에 갔습니다.

엄마가 육개장을 끓였는데 못 먹었습니다.

나중에 형아랑 노량진역에 갔으면 좋겠습니다.

※정월대보름: 1월 15일

풍속 놀이: 부럼 깨지, 달맞이, 쥐불놀이, 더위팔기, 달집태우기

음식: 귀밝이술, 오곡밥, 여러 가지 나물 등

이날이 정월대보름날이었나 보다. 모르는 단어를 물어 오면, 상현이에게 직접 인터넷 검색을 하게 한다. 정월대보름을 검색하다가 부럼을 모르니 부럼을 검색하고, 달맞이, 쥐불놀이, 더위팔기, 달집태우기도 검색한다. 인터넷은 설명글에 사진까지 보여 주니 나로서는 감사할 따름이다.

2014년 2월 26일 수요일

〈봄맞이 대청소〉

하남시 할머니가 오셨습니다.

할머니랑 엄마랑 대청소를 하셨습니다.

나는 쓰레기 봉지를 들고 엄마를 도왔습니다.

다 끝난 후, 지하상가에 갔습니다.

왜냐하면 할머니 옷, 할아버지 면도기를 샀기 때문입니다.

아이스크림을 먹고 반디앤루니스에 못 가서 아쉬웠습니다.

나중에 하남시 할머니랑 분리수거를 했으면 좋겠습니다.

친정 엄마는 우리 집에 오시면 청소부터 하신다. 뭐라도 도와주고 싶으신 거다. 장애가 있는 손자도 그렇지만, 그 아이를 키우는 내 딸을 생각하면 더 가슴이 아프다고 말씀하신다. 엄마는 자식인 내가, 나는 내 자식인 상현이가 더 아픈 건 당연한 이치인지도 모르겠다.

5장 “엄마는 슬퍼했지만, 나는 슬프지 않았습니다” 그런데……

미국 어느 자폐인이 쓴 책에서 이런 이야기를 읽은 적이 있다. 새벽에 교통사고 현장을 발견했는데, 그는 아무런 감정의 동요 없이 차분히 대처했다고 했다. "나는 상황에 맞는 적절한 감정을 느끼지는 못했어도 옳은 일을 했다." 감정적 반응이 결여되었다는 사실이 그가 그 사건에 무관심하거나 도덕적 관념이 없어서가 아니라, 단지 감정적 능력이 부족하기 때문에 다른 사람의 기대에 맞게 '행동'하지 못했을 뿐이라는 것이었다. 감정적 반응의 결여라……. 그게 무슨 의미일까? 감정적 반응이 아예 없는 경우를 숫자 0으로 나타내고, 엄청나게 큰 경우를 100으로 나타낸다면, 비장애인은 몇이고 상현이는 몇일까?

중학교 1학년 체육 시간에 팀을 나누어 축구 경기를 하는데, 한참 열기가 달아오를 무렵 상현이가 공을 들고 도망가 버렸단다. 친구들이 자기를 쫓아 이리 뛰고 저리 뛰고 하니 상현이가 신이 나서 "상현이 잡아라!" 하면서 열심히 도망 다녔다고 했다. 또 담임 선생님께서 모처럼 반 아이들에게 훈계라도 할라치면, 진지한 표정으로 "선생님, 스마일 해야죠" 해서 웃음바다로 만들어 버리고, 선생님께 대놓고 "으, 구린내. 입 냄새 나요" 하기도 했단다. 정말 얼굴 화끈거리는 일들이 셀 수 없이 많았다. 내가 옆에서 "그렇게 말하는 건 실례야" 하고 말하면 "실례합니다~" 하고는 똑같은 실례를 반복했다.

영화 속 슬픈 장면을 봐도 슬퍼하지 않았고, 웃음 포인트도 여느 아이와 달라서 엉뚱한 장면에서 까르르 자지러지게 웃곤 했다. 때로는 길을 가다가도 무슨 생각이 났는지 막 웃기도 하고, 반대로 울기도 했는데, 그래도 웃는 건 좀 나았다. 이유 없이 눈물 흘릴 때면 혹시 우울증이 온 건 아닌가 하고 가슴이 철렁 내려앉았다.

어릴 적 상현이는 반응'만' 없는 아이는 아니었다. 특히 공감 능력이 많이 부족했다. 그러니 눈치가 없는 건 당연했다. 세상살이의 반은 눈치로 살아가야 하는데, 이걸 포기할 수는 없는 노릇이니 더 가르치고 경험하게 하고 연습시키는 수밖에 없었다.

그런데 중학교 3학년이 되면서 아주 조금씩 변화가 보였다. 중학교 2학년 때까지는 일기에 "엄마는 슬퍼했지만 나는 슬프지 않았습니다"라거나 "주인공 엄마가 죽어서 주인공은 슬퍼했지만 나는 그렇지 않았습니다"라고 적기도 했다. 그런데 중3이 되면서 슬픈 영화를 보고 일기에 "슬펐습니다" "마음이 아팠습니다"라고 쓰기 시작했다. 처음에는 다른 사람들이 이 장면에선 슬퍼하니 나도 슬퍼해야 하는 건가 하고 흉내 내어 따라 했을지도 모르겠다. 그러나 점점 이런 일이 반복되더니, 이제는 영화를 보면서 진심으로 슬퍼하며 눈물을 흘리기도 한다. 나는 이런 상현이의 변화가 신기하면서도 궁금했다. 공감 능력도 개발되는 것인가 하고.

강박증에 가까워 보일 정도로 철두철미하게 준비물이나 소지품 챙기는 일도 이 무렵부터 조금씩 나아졌다. 가끔 준비물을 깜빡하기도 하고, 하루는 복지관에 교복을 벗어 두고 오기도 했다. 교복을 벗어 두고 온 것은 좀 심하긴 했어도 나는 그 '깜빡'이 내심 반가웠다.

이렇게 조금씩 변화가 생기니 나도 자신감이 생겼다. 상현이는 예전에 보았지만 나는 보지 못했던 영화를 찾아보고, 옛 사진첩도 보며 이야기와 공감을 끌어내기 위해 노력했다. 어느 날, 상현이가 〈EQ의 천재들〉이라는 책 시리즈에 나오는 캐릭터를 주변 사람들에게 별명으로 붙여 주었다. 나한테는 '밝아 양', 아빠에게는 '버럭 씨', 형에게는 '게을러 씨' 하는 식으로 말이다. 사람들이 "나는 누구와 비슷해?" 하고 물어보면 잠깐 생각한 뒤 말하는 캐릭터가 제법 질문한 사람의 성격과 비슷했다. 다른 사람들의 성격을 관찰하고 이름 붙이는 일이 공감 능력을 키우는 데 도움이 되었던 걸까? 고마운 건 그분들이 무엇이 됐든 상현이가 붙여 준 별명을 너무 유쾌하게 받아 주셨다는 점이다.

요즘 상현이를 보면, 어떤 상황을 제법 잘 인지하고 어느 정도는 공감하는 것 같다. 물론 그 반응이 완벽하게 자연스러운 것은 아니다. 얼핏 적절한 듯 자연스럽게 반응할 때도 있지만, 반은 학습한 것처럼 어색하다. 이것도 '감정적 반응의 결여'라고 봐야 할까? 아무래도 괜찮다. 학습을 통해서든 마음으로 느끼든 그 영역을 차근차근 넓혀 가면 될 테니까.

2014년 3월 22일 토요일

<입체동화 이솝 이야기>

저번에 교보문고에서 이솝 이야기 DVD를 사고 싶었는데
아빠가 애기 거라고 하셔서 안 샀는데, 사실은 나는 많이 보고 싶었습니다.
엄마께 국립어린이청소년도서관에 가자고 했습니다.
왜냐하면 거기에 이솝 이야기 DVD가 있기 때문입니다.
1층에 외국어린이자료실에서 일본책, 러시아책, 몽골책,
스페인책들 보았습니다.
나는 그중에서 일본어책이 마음에 들었습니다.
그리고 3층에 가고 2층 서고자료실에서 내가 보고 싶었던
이솝 이야기를 봤습니다.
더 보고 싶었는데 아빠가 오라고 해서 아쉬웠습니다.
도서관에 내려다보니까 강남역이 뉴욕과 비슷하게 보였습니다.

아……. 그래서 도서관에 가자고 한 거였구나. 이제 사 달라고 떼를 쓰기보다 차선책을 찾을 줄도 알고. 기특한 녀석.

상현이에게 도서관은 떼려야 뗄 수 없는 장소다. 한때는 이 도서관에서 아이가 일할 수 있으면 좋겠다고 생각했다. 상현이는 책도, 도서관 봉사활동도 무척 좋아했고 적성에도 잘 맞았기 때문이다. 지금 다니는 직

장에서 인턴으로 일할 때, 혹시라도 정직원이 되지 못하면 아이가 너무 실망할까 봐, "상현아 떨어져도 괜찮아. 떨어지면 도서관 사서보조에 도전해 보자" 했더니, 곰곰이 생각하던 아이가 의외로 "아니요, 도서관은 책 보러 가면 돼요. 저는 이 회사에 다닐래요" 하고 답했다. 그래서 더 꼭 합격하길 바랐다.

아이의 아주 어렸을 때 꿈은 '사육사'였고, 초등학교 이후로는 쭉 '사서보조'였는데, 지금은 인공지능 관련 컴퓨터 일을 하고 있다. 꿈을 갖고 노력하다 보면, 언제 어디서 생각지도 않은 더 좋은 기회가 주어질지 아무도 모른다.

2014년 4월 11일 금요일

<헤라클레스>

점심을 먹고 메가박스에 갔습니다.

오늘은 헤라클레스를 봤습니다.

그중에서도 싸움을 본 장면을 봤습니다.

모두들 죽어서 나는 정말 슬펐습니다.

반디앤루니스에서 책을 봤습니다.

더보고 싶지만 집에 가니까 아쉬웠습니다.

나는 '넛잡 땅콩도둑들' 책을 샀습니다.

헤라클레스는 무섭고 슬픈 고대시대 영화였습니다.

무서운 영화도 같이 봐 주어서 고마워
이제 3학년이니까 여러 장르를 함께 볼 수
있는 용감함을 키우시....
'헤라클레스'도 보시니 정말 용감하다.

2014년 4월 11일 금요일

<헤라클레스>

학교에서 단체 관람을 하니, 본인 취향에 맞는 영화만 볼 수는 없다. 단체 생활을 통해 이렇게 조금씩 적응해 나갔다. 이전엔 항상 "엄마(선생님)는 슬퍼했지만 나는 슬프지 않았습니다"라고 했는데, 이날 일기에는 "모두들 죽어서 나는 정말 슬펐습니다"라고 썼다. 공감 능력이 약간은 생긴 걸까? 지금은 영화를 보고 마음 아파하기도, 가끔은 울기도 한다.

2014년 5월 16일 금요일

<Win-Win 서포터즈>

모자를 쓰고 한강공원에 갔습니다.

구슬을 꿰어서 팔찌를 만들었습니다.

엄마가 좋아하셨습니다.

한상에서 돗자리를 펴고 팔찌를 만들었는데 하늘이 멋졌습니다.

친구들과 오렌지쥬스와 쿠키들을 먹었습니다.

왕설회, 이은정 등 친구들도 함께했습니다.

한강에는 비둘기들이 많이 있었습니다.

왜 비둘기들이 많은지 궁금했습니다.

사람들이 비둘기들에게 먹이를 많이 주어서 많아진 것 같습니다.

선생님: 상현이는 글을 아름답게 잘 써서 읽는 사람에게 기쁨을 주는구나. 한강과 파란 하늘. 정말 멋진 하루였지!

'윈윈서포터즈'는 비장애 친구들이 특수학급으로 와서 동아리 활동을 하는 역통합 프로그램이다. 원하는 아이들이 참석해서 그런지 특수학급 아이들과도 잘 지냈고 적극적으로 참여했다. 중학교 졸업 후에 버스를 탔는데, 그 친구들이 너무 반갑게 인사를 해 줘서 고마웠다. 정작 사람에게 관심이 적은 상현이는 친구들을 기억하지 못해서 미안했다.

2014년 5월 18일 일요일

<오디 열매>

하나로마트에 갔는데 오디 열매랑 산딸끼가 있었습니다.
둘 다 사고 싶었지만 엄마께서 하나만 고르라고 하셨습니다.
오디 열매는 블랙베리 비슷하고 모양은 작은 포도 같았습니다.
산딸기는 라스베리 비슷하고 모양은 위니비니에 파는 구미랑 비슷하게 생겼습니다.
나는 고민하다가 오디 열매를 골랐습니다.
산딸기는 신맛이 날 것 같았기 때문입니다.
오디는 약간 맛있었습니다.
옛날에 한양아파트에서 엄마랑 오디 열매를 따서 먹었던 기억이 났습니다.

※오디: 뽕나무의 열매. 검정빛을 띠는 짙은 보라색.
날로 먹거나 술 또는 쥬스를 담근다.

장을 볼 때 되도록 아이랑 함께한다. 이것저것 구경하기도 좋아하고, 기억력이 좋아서 내가 살 품목들을 미리 얘기해 주면 따라다니면서 어찌나 꼼꼼히 챙기는지 빠뜨리는 법이 없다. 본인이 사고 싶은 것을 골라 "이거 살까요?" 물어 오면, 그 가운데 한두 가지는 사 오기도 한다. 그러면 돌아오는 아이 발걸음이 둥실둥실 신이 난다. 그 모습을 보는 내 맘도 둥실둥실하다.

2014년 5월 21일 수요일

<연합체육활동>

오늘은 경마공원에서 연합체육활동 하는 날입니다.

먼저 '얼굴을 찌푸리지 말아요', '빠빠빠'에 맞추어 체조를 했습니다.

그리고 카드 뒤집기, 이어달리기, 줄다리기, 박 터뜨리기를 했습니다.

다 같이 '경원 경원 Victory, 야-!'를 소리쳤습니다.

점심을 먹고 보물찾기를 했는데 나는 못 찾았습니다.

사진을 찍고 집으로 왔습니다.

경마공원에서 말 동상, 망아지 등을 봤습니다.

재작년에 말을 탔던 기억이 났습니다.

선생님: 신나고 즐거운 하루였지요. 상현이 이인삼각도 잘하고 아주 멋졌어요.

연합체육대회 날, 선생님께서 과천경마공원으로 등교하라고 하셨다. 과천까지 간 김에 다른 엄마들과 체육대회가 끝날 때까지 놀면서 기다리기로 했다. 모처럼 쾌청한 날씨에 시원한 평상에서 도시락도 먹고, 커피도 마시며 이런저런 얘기를 나누고, 깔깔거리기도 한다. 같은 아픔을 가진 동지 같은 친구들이다.

2014년 5월 24일 토요일

〈상현이의 잘못〉

이마트에서 빙수기에 손가락을 집어넣어서 베었어요.

엄마랑 할머니가 걱정을 하셨어요.

엄마는 상현이가 다쳐서 마음이 아팠습니다.

뾰족한 거, 뜨거운 거, 깨진 거를 만지지 않겠다고 말했습니다.

다음부터 빙수기 있으면 주머니에 손에 넣어야 해요.

선생님: 선생님도 무척 마음이 아팠단다. 다음부터 조심하렴.
그리고 손가락에 물이 들어가지 않도록 조심해.

중학교 3학년씩이나 됐으니 이제 조금은 위험한 것도 인지하고 조심할 줄 안다고 생각했었는데, 어떻게 빙수기에 손가락을 넣을 생각을 했는지……. 크게 다칠 수도 있었는데 천만다행하게도 살짝 베인 정도로 끝났다. 상현이에게 스스로 위험을 감지하는 본능은 없는 걸까? 다시 혼란스럽고 속상했다. 내 마음이 칼에 베인 듯 아렸다.

2014년 6월 12일 목요일

< 촉촉한 초코칩쿠키 >

3교시에 전진숙선생님, 김혜경선생님, 양미수선생님과 쿠키를 만들었습니다.

반죽을 넣고 초코칩, 다진 견과를 넣었습니다.

냉동실에 넣어둔 반죽을 꺼내서 동그랗게 한 후에 납작하게 만들었습니다.

그리고 오븐을 구워서 선생님, 친구들과 함께 나눠 먹었습니다.

엄마가 정말정말 맛있다고 하셨습니다.

쿠키 만들기는 참 재미있습니다.

※ 잘 못한일

쿠키 잘 만드는 모습보고 정말 대견했어요

어제 까리따스에 /교복을 두고 와서 속상했습니다.

오빈이 아줌마께서 가져다 주셔서 감사했습니다

이제부터는 물건을 잘 챙기기로 결심했습니다.

다음부터 물건은 꼭 가방 속에 넣으면 돼요,

2014년 6월 12일 목요일

〈촉촉한 초코칩쿠키〉

자기 물건을 챙기는 것에는 지나칠 정도여서 중학교 3학년이 다 되도록 연필 한 자루도 잃어버린 적이 없는데, 복지관에 교복을 두고 오다니……. 이제 마음이 좀 편해진 걸까? 좋은 징조인가 하고 잠깐 생각해 봤다. 아무렴, 가끔 잊어버리기도 하고 잃어버리기도 하고 그래야 인간적이지. 그럼, 그럼.

2014년 6월 18일 수요일

<졸업앨범 촬영>

서울랜드에서 졸업앨범 촬영을 했습니다.

들판에서 찍고 안내원 옆에 찍었습니다.

이벤트홀에서 콘서트를 보았습니다.

나는 산채비빔밥을 먹고 김유나는 스파게티를 못 먹어서 짜쯩 냈습니다.

이규림, 김유나가 먼저 가서 아쉬웠습니다.

친구들은 바이킹을 타고 나는 구경을 했습니다.

오늘은 서울랜드에 사람이 약간 적었습니다.

졸업을 하면 양미수 선생님, 김혜경 선생님, 전진숙 선생님,

이미선 선생님이 보고 싶을 거 같습니다.

장애가 있는 아이들에게 졸업의 의미는 좀 다르다. 빨리 졸업하고 얼른 성인이 되길 바라는 아이들도 있겠지만, 나는 하루하루가 소중하고 아까웠다. 고등학교 졸업 후 성인의 삶이 어떨지 너무 두렵고 막막하기 때문이다. 특수학급 선생님의 제자가 모 대학 도서관에 사서보조로 취업했다는 소식을 들은 게 이즈음이다. 세상에나, 그 엄마는 얼마나 좋을까? 그렇게만 될 수 있다면 소원이 없을 것 같았다.

2014년 6월 19일 목요일

<드림청소년성문화센타>

드림청소년성문화센터에서 교육을 들었습니다.

선생님이 화이트보드에 마인드맵을 그리셨습니다.

문화센터엔 당구대, 미니 축구 등이 있었습니다.

문화센터를 들어가 보니까 약간 옛날 건물이였습니다.

성교육을 받으니까 약간 챙피했지만 재미있었습니다.

다음에 문화센터에 갔으면 좋겠습니다.

왜냐하면 포켓볼을 치고 싶기 때문입니다.

성교육이 과연 효과가 있을까? 요즘 성교육은 내용이 제법 구체적이어서 역효과가 생기면 어쩌나 하고 걱정되었다. 고등학교 때도 성교육을 많이 받길래 선생님께 여쭤본 적이 있다. 선생님은 많이 알아서 생기는 부작용보다는 몰라서 생기는 부작용이 더 크다고 하셨다. 지금 생각하니 그 말씀이 맞는 것 같다.

2014년 7월 5일 토요일

<예술학교>

버스 안에서 간식 먹고 겨울왕국을 봤습니다

화요일아침예술학교은 오르막길이였습니다.

미사 하고 점심을 먹었습니다.

도자기를 만들었는데 옛날에 도자기를 만들었던 생각이 났습니다.

마술쇼를 봤는데 정말 흥미진진을 했습니다.

난타를 봤는데 너무 시끄러웠습니다

사진을 찍고 집으로 왔습니다.

내년에 예술학교에 가길 바람니다.

'화요일아침예술학교'는 서울가톨릭청소년회 산하기관으로 기숙형 미술학교였는데, 시골에서 그림도 그리고 도자기도 굽는 모습이 좋아 보였다. 복잡한 도시에서는 장애가 더 큰 걸림돌 같기도 해서, 이렇게 조용한 시골에서 살면 마음이 좀 편하지 않을까 하고 생각했다. 돌아오는 버스에서 아이에게 물어보니 "충분하죠" 한다. 오늘 체험이면 충분하다는 이야기다. 결국 싫다는 말이지.

2014년 7월 8일 화요일

<환타지 제왕 귀환과 별에서 온 그대>

DDP 동대문프라자에서 환타지 제왕 귀환을 봤습니다.

'잠자는 용'을 사진을 찍고 기념품 가게에 갔습니다.

장난감 만화경이 신기했습니다.

'별에서 온 그대' 세트장을 보니까 TV에서 본 거랑 똑같습니다.

나도 클레이로 영화 세트장을 만들고 싶다는 생각이 들었습니다.

내가 골룸 가면을 쓰고 아줌마랑 친구들을 놀래켰습니다.

상현이는 드라마를 즐겨 보진 않지만, 이곳 세트장은 마음에 든다고 했다. 평소 본인이 만든 클레이나 피규어로 세트장을 꾸미거나 역할극 하기를 좋아하니, 취향에 딱 맞았나 보다. 영화는 즐겨보는데 왜 드라마에는 관심이 없을까? 드라마를 즐겨 보면 언어치료에도 도움이 될 것 같은데……. 나는 언젠가부터 이렇게 모든 걸 장애나 치료에 연관하는 습관이 생겼다. 상현이 친구 가운데 사극에 푹 빠져 사극 말투로 얘기하는 아이가 있는데 이름을 부르면 "왜 그러시오?" 한다. 귀여운 녀석 같으니라고.

2014년 7월 19일 토요일

〈현대모터스튜디오〉

엄마랑 피부과에 갔습니다.

지금은 피부과는 조금 안 무서웠습니다.

현대모터스튜디오에서 캠핑요리책을 봤습니다.

모르는 단어는 핸드폰으로 찾았습니다.

자동차를 구경하고 계단이 뻥 뚫렸습니다.

미래의 건물같이 보였습니다.

래고책, 일본어책, 요리책 등이 많았습니다.

유리창 밖에 공사를 하는 거 봤는데

엄마는 무슨 건물을 짓는지 궁금했습니다.

다음에 오빈이랑 현대모터스튜디오에 와서 래고책을 봤으면 좋겠습니다.

상현이는 책이 있는 곳이면 무조건 오케이인데, 이곳은 모터스튜디오이다 보니 자동차에 관한 책과 캠핑에 관한 책이 많았다. 그 가운데서도 캠핑요리책이 마음에 들었었나 보다. 이후로도 상현이는 자동차를 보기 위해서가 아니라 캠핑요리책을 보기 위해 이곳에 몇 번 더 갔고, 함께 간 친구들은 전시된 자동차를 보고 좋아했다. 남자애들이 차를 좋아하는 데는 장애, 비장애가 없나 보다.

2014년 7월 31일 목요일

<서진 누나와 강남역>

엄마랑 머리를 깎고 작은고모 집에 갔습니다.

고모 집에는 '루키'라는 말티즈인데 나이가 많은 강아지입니다.

나는 약간 무서워서 화장실에 숨었습니다.

다음번에 가면 용기를 내서 꼭 쓰다듬어 주겠습니다.

누나랑 떠먹는 피자집에 갔습니다.

피자집에는 쥐덫, 콜라병, 간판 등 옛날 물건들이 있었습니다.

노래방에서 노래자랑을 했습니다.

나는 100점을 받아서 기분이 좋았습니다.

나중에 서진 누나랑 밖에서 놀았으면 좋겠습니다.

선생님: 상현이 목소리가 예뻐서 노랫소리가 좋았을 거예요.
노래 열심히 외워서 다음에 또 자랑하렴.

형님네 강아지 루키는 자주 짖어서 상현이와 친해지지 못했다. 재작년 가을 루키가 세상을 떠났는데, 사촌누나에게 보내는 크리스마스카드에 루키의 영정사진을 그려 넣었다. 강아지 영정사진이라니……. 상현이만 떠올릴 수 있는 일이다.

2014년 8월 9일 토요일

<서울역 아시아프>

서울역 옛 청사에서 아시아프 전시회에 봤습니다.

한국 그림들, 일본 그림들, 서아시아 그림 등을 봤습니다.

2층에는 도자기 작품들이 있었습니다.

3D 프린터기가 신기했습니다.

플렛톰에 내려가서 구경했습니다.

던킨도너츠에 가려다가 서울역 푸드코트에 갔습니다.

진짜 기차 타고 여행을 갔으면 좋겠습니다.

선생님: 올겨울에는 기차 타고 가는 긴 여행을 계획해 보렴. 이제 3학년이고 예비 고등학생이니 새로운 일들을 용기 내어 시도해 보렴.

중학교 3학년인데도, 아주 어렸을 때 기차를 타 본 이후 한 번도 기차를 타 본 적이 없다. 그래서 일부러 플랫폼에 내려가 가까이에서 기차를 구경하고, 호두과자도 사며 기분을 냈다. 참, 촌스러운 모자다.

2014년 9월 27일 토요일

〈가톨릭 음악의 밤〉

서초구민회관에서 수정과 냄새가 났습니다.

단복을 입고 노래 연습 했습니다.

'손을 잡으면', '개미', '사랑합니다, 나의 예수님'을 잘 불러서

사람들이 박수를 쳤습니다.

엄마가 잘 불렀다고 칭찬해 주셨습니다.

뒷풀이에 갔는데 나는 집으로 와야 해서 아쉬웠습니다.

그래서 엄마가 롯데슈퍼에서 치킨을 사 주었습니다.

'개미' 노래는 나는 조금 정말 쉬웠습니다.

선생님: 상현이는 노래도 잘 부르고 성실해서 누구에게나 사랑 받을 거예요. 선생님도 상현이가 자랑스럽습니다.

우리가 다니는 성당에 발달장애인 합창단이 있다. 발달장애 아이들에게는 합창이 여러모로 좋다. 가사를 외우고, 소리를 내고, 화음을 맞춰 나가는 과정이 모두 그렇다. 또 무대에 서면 아이들이 긴장하고, 잘하려고 노력하고, 뿌듯해한다. 객석에서 그런 모습을 보는 엄마들은 사실 더 긴장한다. 무대에 선 아이들을 보면 콧날이 시큰해지고, 결국 눈시울이 붉어진다.

2014년 10월 25일 토요일

〈봉사 활동〉

반포 복지관에서 봉사 활동을 했습니다.

개시판을 만들 때 골판지를 만들었습니다.

쥐, 토끼, 돼지, 기린을 만들었습니다.

봉사 활동 끝나고 반원 공원에 갔습니다.

오정이, 오빈이, 승운이랑 소소마켓에 갔습니다.

나는 '라이언 킹'책, '부' 피규어를 샀습니다.

오빈이는 '토이스토리2' 책을 샀습니다.

왜냐하면 오빈이 집에는 '토이스토리' 책이 없어서 샀습니다.

차 안에서 아이스크림을 나눠 먹었습니다.

친구들과 같이 가니까 더 좋았습니다.

공휴일에도 쉬지 않고 훌륭한 일 많이 했구나.

2014년 10월 25일 토요일

<봉사활동>

중학생 때는 의무로 해야 하는 봉사활동 시간이 정해져 있다. 학교에서 단체로 봉사활동 하는 시간이 있으니 따로 더 해야 할 필요는 없지만, 그래도 더 하러 갔다. 중학생 때는 복지관 내 도서실에서 사서보조 일을 했고, 고등학생 때는 혼자 사시는 노인분들께 반찬 배달을 했다.
발달장애인 아이들은 도움을 받는 것에 더 익숙하지만, 아이가 할 수 있는 것은 봉사활동을 통해 나누는 것도 의미 있다. 고등학교를 졸업하고 여러 군데 이력서를 냈는데, 그때마다 봉사활동 이력도 꼭 써넣었다.

2014년 11월 1일 토요일

<큰고모 생신>

리버사이드에 갔더니 할로윈 장식이 되어 있었습니다.

음식을 많이 먹었는데 속이 좋지 않았습니다.

엄마랑 머리 깍고 지하상가를 걸어갔는데 얘기를 못 하고 토했습니다.

토하니까 나는 기분이 나빴습니다.

다음부터 적당히 꼭꼭 씹어 먹고 만약에 배탈이 나거나 토할 거 같으면

미리 얘기하기로 약속했습니다.

나는 정말 울고 싶고, 꿈이라면 깨고 싶은데, 아이는 이제 속이 편안해졌는지 건너편 가게에서 인형을 구경하고 있다. 상현이는 그 사람 많은 토요일 오후 고속터미널 지하상가 한복판에서 토했다. 고모 생신에 뷔페를 먹고 바로 지하상가로 들어가서 속이 거북했나 보다. 11월이었으니 실내외 온도 차가 커서 더 그랬을 것 같다. 청소해 주시는 환경미화원도 안 계셨고, 사람들은 인상을 찡그리며 코를 막고 피해 갔다. 정말 감사하게도 토한 곳 앞에 있는 가게의 착한 점원이 도와주어 어찌어찌 해결하고 그 자리를 떠나는데, 그 시간이 100년 같았다. 내 평생 이런 일은 다시 없길 바랄 뿐이다.

2014년 11월 18일 화요일

〈청계천 빛초롱 축제〉

학교 끝나고 청계천에 갔습니다.

청계천 밑에 등불이 많이 있었습니다.

거북선, 크리스마스트리, 빙어, 라바, 뽀로로 등이 있었습니다.

나는 크리스마스트리가 좋았는데

엄마는 빙어 등이 예쁘다고 하셨습니다.

사진을 많이 찍고 싶었는데 베터리가 부족해서 속상했습니다.

겨울에 물이 얼었나 안 얼었나 다시 오고 싶습니다.

물이 얼면 스케이트를 타 보고 싶지만

혹시 얼음이 얇아서 빠질 수도 있으니까 밖에서 구경만 해야겠습니다.

스케이트는 스케이트장에서 타야겠습니다.

예전에는 텔레비전에서 갖가지 행사 소식을 봐도 그저 그렇구나 했는데, 언젠가부터 유심히 보고 정보를 더 찾아본다. 그리고 얼마 지나지 않아 그 장소에서 사진을 찍고 있는 우리가 있다. 조금만 관심을 가지면 가까운 곳에 아이가 좋아할 만한 곳이 많다. 이렇게 오며 가며 아이는 배우고 자란다.

2014년 12월 17일 수요일

〈사랑하면 춤을 춰라〉

낙원악기 상가에 있는극장에 '자춤'을 보러 갔습니다.

낙원 악기 상가는 옛날 건물 같았습니다.

아기들이 태어나고 세월이흐르는 것을봤습니다.

탱고, 테크노, 막춤등을 추었습니다.

사람들이 같이 따라 춤을 추었습니다.

다보고 팜플렛들을 나눠 주었습니다.

나중에 댄스뮤지컬을 보고 싶습니다.

나도 따라서 신나게 춤을 추었더니
기분이 좋았습니다.

노래와 춤을 이해하고 즐길수 있는
사람은 행복한 사람이겠죠!
상희씨 멋져요.
이제 '춤'에도 도전해 봐요.

2014년 12월 17일 수요일

<사랑하면 춤을 춰라>

상현이가 흥에 겨워 춤을 추었다는 게 상상이 되지 않았다. 어렸을 때 다들 한 번씩 춘다는 그 개다리춤 한 번 춰 본 적이 없는 아이이다. 복지관 방송댄스 시간에도 로봇같이 딱딱한 율동만 했었는데……. 새로운 장소, 새로운 경험들이 상현이를 춤추게 한 것 같다.

2015년 1월 1일 목요일

〈새해의 결심〉

나는 이제 18살이 되었습니다.

올해는 양띠이고 고등학생이 될 겁니다.

굵은 목소리로 얘기하겠습니다.

중얼거리지도 않겠습니다.

혼자 웃지 않겠습니다.

그리고 짜증 내지 않겠습니다.

할머니 댁에서 떡국을 먹었습니다.

고모랑 공부도 열심히 하기로 약속했습니다.

2015년은 재밌고 행복한 1년이 될 거예요.

발달장애인을 주인공으로 하는 영화를 보면, 자폐인들의 목소리는 유난히 가늘고 톤이 높다. 상현이도 예외는 아니고, 어린아이 같은 말투로 더 이목을 끌 때가 있다. 언어치료 선생님께서 입안에 치료용 스틱을 넣고 교정도 해 주시고, 본인도 노력하지만 한계가 있다. 노래하면 굵은 바리톤 목소리가 나오는데 말하면 왜 그런 걸까? 나는 이게 아직도 참 속상하다.

2015년 1월 15일 목요일

<오빈이집>

오빈이집에서 레고를 많이 만들었습니다.

꽈당 씨, 게으러 씨 등을 들었습니다.

제육덮밥을 먹고 레고놀이를 했습니다.

레고 렉스, 햄, 불스아이, 큰 곰을 체포를 하는 것이 재미있었습니다.

그리고 레고 박물관에 다이아몬드, 그림을

훔쳐 가는 것이 재미있었습니다.

'미스터 맨 앤 리틀 미스' DVD를 보면서 과일을 먹었습니다.

레고를 더 하고 싶었지만 집으로 왔습니다.

나도 레고를 많이 만들고 싶습니다.

〈EQ의 천재들—미스터 맨 앤 리틀 미스〉 시리즈는 상현이가 즐겨 보는 책이다. 특정 성격을 가진 캐릭터들이 이야기를 이끌어 나가 그 성격을 쉽게 이해할 수 있다. 어른인 내가 봐도 참 재미있다.
가끔 친구들과 선생님들에게도 책에 나오는 캐릭터 이름을 붙여 주는데, 그게 또 묘하게 그럴듯해서 신기하기도, 재미있기도 하다. 본인은 '행복 씨', 엄마는 '밝아 양'이고, 형은 '게을러 씨', 아빠는 '버럭 씨'란다. 마음에 안 들어도 할 수 없다. 상현이가 보기에 그러면 그런 거다.

2015년 1월 26일 월요일

〈빅 히어로〉

메가박스에서 빅 히어로를 봤습니다.

마이크로 로봇들이 나오는 장면이 징그러웠지만 재미있었습니다.

빅히어로 내용에는 어벤져스 비슷한 영화였습니다.

베이맥스는 흰 풍선 로봇입니다.

나도 베이맥스 같은 친구 있고 싶습니다.

취향에서 점심을 먹고 반포복지관에 갔습니다.

애기 때 3층에서 연극, 스포츠 댄스 하는 거 기억이 났습니다.

브라보콘을 먹고 싶었는데 없어서 속상했습니다.

애니메이션 〈빅 히어로〉의 주인공 '베이맥스'는 내가 가장 좋아하는 캐릭터다. 베이맥스는 의료용 로봇으로, 입력된 대로만 행동하는데, 큰 덩치와 고지식하게 아는 대로만 행동하는 상현이와 비슷하다. 우습기도, 짠하기도 해서 더 정이 간다.

2015년 2월 5일 목요일

〈졸업식〉

오늘은 졸업식 날입니다.

졸업을 하니까 기분이 좋은데 섭섭했습니다.

비발디 사계 중 겨울 듣는 것이 좋았습니다.

사람들이 꽃다발을 주고 사진을 찍었습니다.

하남시 할머니가 오셔서 반가웠습니다.

리버사이드에 형이랑 할머니, 고모들 서진 누나를 만나서 먹었습니다.

용돈, 카드를 받으니까 행복했습니다.

경원중학교 친구 2명을 만나서 반가웠습니다.

졸업식을 하는 내내 울음이 터지려고 하는 걸 꾹 참았다. 한번 터지면 걷잡을 수 없을 것 같았다. 요즘 세상에 졸업식 날 우는 사람이 어디 있다고……. 다들 기뻐하는 중학교 졸업식 날, 특수학급 엄마들만이 눈이 새빨개지도록 눈물을 참느라 안간힘을 쓰고 있었다.

6장 장애가 낫는다는 말은 존재하지 않는다는 걸 이제는 안다

상현이는 감수성이 풍부한 편이다. 상현이가 낙엽을 보고 불쌍하다고 이야기한 적이 있었다. 상현이와 같이 치료받던 친구 엄마가 그 이야기를 듣더니 "그렇게 표현할 줄 안다고? 이제 장애가 다 나은 거 아니야?" 하고 물었다.

그러나 '장애가 낫는다'는 말은 존재하지 않는다는 걸 이제는 안다. 흔히들 '장애를 극복하고……'라는 표현을 쓰는데, 장애는 애초에 낫거나 극복할 수 있는 것이 아니다. 장애가 있는 자기의 모습과 능력을 있는 그대로 인정하고, 최선을 다하면서 살면 될 뿐이다. 그 삶에는 분명 웃음도, 기쁨도, 행복도 있다. 그건 누구나 그렇다. 이 세상을 함께 살아가는 다른 사람들과 다르지 않다.

고등학교 진학을 앞두고 경기고등학교와 서울고등학교, 두 학교를 두고 고민하다가 교통이 좋은 경기고등학교를 선택했다. 중학교 특수학급의 친한 친구들은 모두 서울고등학교에 지원했는데, 상현이는 친구들에게 별 관심이 없다고 생각했기 때문에 개의치 않았다.

그런데 그해 경기고등학교에 지원 인원이 정원을 초과하는 바람에 타구에 거주하는 상현이는 2지망인 서울고등학교에 진학하게 되었다. 지금 생각하니 하늘의 뜻이었나 싶을 정도로 다행한 일이다. 상현이는 중학교에서 같이 진학한 친구들을 의지하며 낯선 고등학교 생활에도 잘 적응해 나갔다. 그렇게 많은 시행착오를 거듭하고도 또 내 멋대로 생각하고 오판한 것이었다. 세상에 이런 실수투성이 엄마가 있을까? 나 때문에 하마터면 아이가 또 힘들 뻔했다. 잘못된 내 판단이 아이의 일상에 어떤 영향을 미칠지를 생각하면……. 절로 반성하게 되었다.

상현이가 진학한 서울고등학교는 크기부터 달랐다. 야구부로 유명해서 운동장이 중학교 총면적보다도 넓었다. 우스갯소리가 아니라 아이가 학교 안에서 혹 길을 잃을까 봐 걱정할 정도였다. 처음 몇 달간은 아이보다 내가 더 긴장했다.

교복을 공동구매하려고 학교 체육관에 갔던 날도 그랬다. 중학교를 같이 졸업한 친구 엄마들과 함께 아이들에게 교복을 입혀 보고, 서로 봐 주고 했는데도 적당한 사이즈를 고르기가 어려웠다. 아이는 이걸 입혀도 좋아요, 저걸 입혀도 좋아요 하니 결국 선택은 내 몫인데, 딱 맞게 입히자니 불편할 것 같고, 크게 입히자니 우스꽝스러울 것 같았다. 그렇게 심사숙고해서 고른 교복은 너무 커서 결국 수선해야 했다. 지나고 생각해 보니, 그날 교복을 고르는 많은 비장애 친구들과 학부모들 사이에서 주눅이 들었는지도 모르겠다. 에잇! 교복 사이즈 고르는 그까짓 게 뭐라고. 속이 상하고 그런 내가 마음에 들지 않았다.

선생님들은 고등학생이 된 상현이를 다 큰 아이 대하듯 했다. 내가 보기엔 아직 아기 같은데, 너무하는 것 아닌가 싶을 정도였다. 특히 특수학급 선생님은 고등학생이 된 상현이를 보통 고등학생 대하듯 해 주셨다. 그런데 지나고 보니 그렇게 하는 게 맞았던 것 같다. 주변 사람들이 아이를 계속 어린아이처럼 생각하고 챙기고 돌보면 그 아이는 성장할 수 없다.

특수학급 선생님께서는 고등학교 다니는 내내 상현이 일기에 확인글을 써 주시기도 했다. 하루는 상현이가 잘못한 일이 있어 반성문을 적은 일기를 선생님께 보여 드리고 사인을 받아 오라 했더니, 선생님께서 그동안 일기를 꾸준히 써 온 상현이가 기특하다며 앞으로는 선생님이 확인해 주겠다고 하시고, 졸업할 때까지 정성스럽게 글을 써 주셨다. 방학이 끝나면 제법 많은 양의 일기가 부담스러웠을 텐데도 기쁜 마음으로 해 주셨다. 오히려 눈치 없는 상현이가 숙제 검사를 하듯 선생님을 재촉하는 코미디 같은 상황이 벌어지기도 했다. 일기를 통해 상현이와 선생님은 더 친해졌던 것 같다. 고등학교를 졸업하고 나선 내가 다시 확인글을 써 주고 있는데, 이게 보통 일이 아니다. 선생님의 수고에 다시 한 번 감사 인사를 드린다.

며칠 전까지 중학생이었던 원반 친구들도 달라진 듯 보였다. 이제 고등학생씩이나 되었으니 특수반 친구들에게 장난치는 일은 유치하다고 생각했는지는 몰라도 다 같이 자연스럽게 잘 지냈다. 교내합창대회에 상현이도 꼭 함께해야 한다며 같이 연습했다. 나중에 대회 당일 영상을 보았는데, 거의 상현이 혼자 솔로로 노래를 부르고, 반 친구들 전체가 코러스를 해 주는 식이었다. 그래서 상현이는 지금도 〈여행을 떠나요〉는 자신 있게 부른다. 늦었지만, 상현이에게 소중한 추억을 만들어 준 1학년 15반 담임 선생님과 친구들에게 고맙다는 말을 전하고 싶다.

2015년 3월 28일 토요일

<빅스>

자장면을 먹고 체조경기장에 갔습니다.

올림픽공원에 갔는데 공사를 하고 있었습니다.

아주 7살때 인라인스케이트를 타는 것이 생각났습니다

새드 앤딩, 데인저레인저등을 불렀습니다.

색깔 빛이 레이저 비슷하고 가상체험과 같았습니다.

모두들 뜨거운 박수를 치고 소리를 질렀습니다.

나는 시끄러웠지만 신나고 좋았습니다.

그리고 드라이아이스연기, 불, 폭죽은 무섭지 않았습니다.

이틀만 하는 공연이라서 아쉬웠습니다.

다음에 체조 경기장에 가고 싶습니다.

마술같고 환상적이고 조금 무섭고 재미있었습니다.

대단해요~

아이돌 공연장엔 엄마도 한번도 가본적이 없는데 우리 상현이가 큰 경험을 했네 공연갔다와서 행복해 하는 상현이를 보니까 엄마도 기분이 좋았어 ♡

2015년 3월 28일 토요일

〈빅스〉

토요일마다 서울 구석구석을 여행하는 복지관 프로그램 '별별서울여행'에서 아이돌 그룹 '빅스'의 공연장에 갔다. 장애의 유무와 상관없이 또래들이 좋아하는 것은 비슷비슷한데, 사람들은 장애가 있는 아이들은 그조차도 모른다고 오해하는 경향이 있다. 이런 욕구들이 충족되지 않고 스트레스로 쌓이면 언젠가 생각지도 못한 방향으로 폭발할 수도 있다. 특히 청소년기의 스트레스는 주의 깊게 살피고 잘 해소하도록 도와줘야 한다.

2015년 5월 5일 화요일

〈벼룩시장과 코스프레 축제〉

만화의집 옆 골목에서 벼룩시장과 코스프레 축제가 열렸습니다.

서울애니메이션센터에서 원더볼즈 축제가 여러 가지가 있었습니다.

피자를 사고 싶었는데 줄이 많이 길어서 포기했습니다.

만화의집에서 '검비 스토리'를 봤는데 처음 보는 내용이었습니다.

다 보고 벼룩시장을 구경하고 가오나시, 카드켑처체리 등

사진을 많이 찍었습니다.

명동에는 복잡하고 포장마차가 많고 외국사람들이 많았습니다.

내년에도 코스프레 축제가 열렸으면 좋겠습니다.

엄마: 코스프레 축제는 엄마도 처음 봤어. 참 신기하더라. 우리가 아는 캐릭터들을 직접 보니까 재미있었어. 가오나시도 웃겼고. 다음에는 명동 포장마차에서 맛있는 간식 많이 사 먹자.

고등학생이 되었어도 내 마음속 상현이는 아직 어린아이 같다. 공휴일이기도 해서 상현이가 좋아하는 서울애니메이션센터에 갔는데, 어린이날 행사로 코스프레 축제가 열리고 있었다. 만화 속 주인공 캐릭터로 꾸민 사람들이 골목을 가득 메우고 있었는데, 나도 처음 보는 풍경이라 신기했다. 우연찮게 기억에 남는 어린이날이 되었다.

2015년 5월 7일 목요일

<마라톤대회>

오늘은 서울대공원 분수대 앞에서 마라톤대회가 열렸습니다.

나는 열심히 뛰다가 힘들면 걸었습니다.

나는 열심히 뛰었는데 120등이라서 약간 아쉬웠습니다.

경마공원에서 인라인스케이트, 배드민턴을 했습니다.

어릴 때 인라인스케이트를 탔던 것이 생각이 났습니다.

전통시장에서 구경을 하고 닭갈비, 만두, 상추 등을 샀습니다.

내년에도 마라톤대회를 하고 싶습니다.

엄마: 선생님께 상현이가 120등 했다는 말씀 듣고 엄마도 깜짝 놀랐고, 상현이가 자랑스러웠어. 평소에 줄넘기를 많이 해서 더 잘 뛸 수 있었던 것 같아. 내년에도 파이팅!

120등이 뭐 놀랄 일인가 싶겠지만, 이날 참가한 1학년 학생이 600명은 족히 되고, 특수학급 친구들은 맨 마지막에 출발했기 때문에 상현이가 500명 정도의 친구들을 제친 셈이라 많이 놀랐다. 마라톤이 끝날 시간에 맞춰 데리러 갔더니 특수학급에서 처음 있는 일이라며 선생님들께서 더 흥분하셨다. 그리고 내년에는 상현이를 꼭 선두그룹으로 출발시키겠다고 벌써부터 의지를 다지는데, 사실 나는 그 모습이 재미있었다.

2015년 6월 5일 금요일

<반성문>

오늘은 생활경제시간에 내 맘대로 친구자리를 정해주고 파일을 던졌습니다.

제가 잘못했습니다.

어제 그림그릴 때 색연필 하나를 잃어버려서 조금 짜증냈습니다.

다음부터 잃어버리지 않게 조심하고 짜증내지 않겠습니다.

민규아줌마차를 타고 복지관가다가 차안에서 물티쉬가 없어서 속상해서 짜증냈습니다.

아빠께 혼났습니다.

다시는 학교에서 물건 던지지 않고 내 맘대로 하지않고 선생님 말씀 잘 듣기로 결심했습니다.

평상시에는 그렇게 화내고, 짜증내지 않는 상현이가 이날은 왜 그랬는지. 선생님도 많이 속상했단다. 이렇게 반성문도 쓰고 결심도 했으니까 앞으로는 상현이가 이런 행동을 하지 않을거라걸 믿을게요^^

2015년 6월 5일 금요일

<반성문>

아이를 데리러 갔더니 선생님께서 오늘 있었던 일을 이야기해 주셨다. 평소 짜증을 잘 내지 않는 아이인데, 무슨 일인가 싶어 상현이에게 물어봤더니 "저, 사춘기인가 봐요……" 한다. 헉! 하마터면 웃음이 터질 뻔했다. 궁여지책으로 내놓은 변명이었으려나? 나는 태연한 척 "상현아, 너 사춘기 지나갔잖아. 촌스럽게 고등학생이 무슨 사춘기야? 사춘기는 중학생이나 겪는 거야" 하며 얼렁뚱땅 넘어갔다. 상현이는 갸우뚱 '그런가?' 하는 표정을 짓더니, 이내 '그렇구나' 하는 것 같았다. 하하하하, 순진한 녀석. 그러니까 상현아, 이제 사춘기에 '사' 자도 꺼내지 마! 엄마 간 떨어질 뻔했어. ^^
이날 일기를 본 선생님은 이제부터 상현이 일기를 직접 확인해 주시겠다고 하셨다.

2015년 7월 18일 토요일

<코엑스 아쿠아리움>

서울고등학교 축제에 가고 싶었는데 엄마가 가지 말자고 해서

아쉬웠습니다.

코엑스에서 아쿠아리움에 갔습니다.

옛날에 엄마랑 코엑스 아쿠아리움에 갔던 것이 생각났습니다.

나비고기, 복어, 철갑상어, 프레이도그, 과일박쥐를 봤습니다.

사육사가 거북이에게 먹이를 주는 것이 재미있었습니다.

그리고 물범이랑 재주를 부리는 것이 재미있었습니다.

정어리, 해파리, 문어를 봤습니다.

나중에 형아랑 아쿠아리움을 가고 싶습니다.

선생님: 상현이는 이렇게 일정이 있어서 학교 축제에 오지 못한 거였구나. 선생님은 상현이가 온다고 해서 기다렸는데 못 봐서 아쉬웠어. 내년에도 열리니까 내년엔 함께하자.

고등학교 입학하고 첫 축제였다. 상현이는 정말 가고 싶어 했는데, 내가 용기가 나지 않았다. 그때는 왜 그렇게 움츠러들어 있었는지……. 아쿠아리움에서 아무것도 모른 채 즐거워하는 아이에게 내내 미안했고, 2학년 때는 축제를 마음껏 즐기게 해 줘야겠다고 다짐했다.

2015년 7월 20일 월요일

〈여름방학〉

오늘은 여름방학을 하니까 서운합니다.

왜냐하면 선생님들을 못 봐서 조금 섭섭했습니다.

팥빙수를 시원하게 만들어서 친구들이랑 먹었습니다.

엄마, 아빠와 미즈컨테이너에서 떠먹는 피자, 리조또를 먹었습니다.

교보문고에서 소라게를 봤는데 물감을 색칠하니까 알록달록해졌습니다.

그리고 팝업북을 봤는데 소리가 나니까 신기했습니다.

미즈컨테이너는 오톤스테이션이랑 비슷했습니다.

나중에 형아랑 미즈컨테이너에 가고 싶습니다.

선생님: 신나는 여름방학이야! 방학이라 상현이를 자주 못 봐서 선생님도 서운하지만 그동안 열심히 학교생활 했으니 충전하는 시간도 가져야지.^^ 선생님도 미즈컨테이너 좋아해. 샐러드 파스타도 맛있는데 나중에 형이랑 먹어 보렴. 방학 잘 보내자.

학교생활이 너무 즐거워서 여름방학이 달갑지 않았나 보다. 특이한 아이임은 분명하다. 짧은 여름방학이 끝나고 개학하는 날, 신이 난 상현이는 형에게 "개학한다. 부럽지?" 하고 말했다. 형의 표정이 가관이다.

2015년 7월 24일 금요일

〈국립어린이청소년도서관〉

바리스타 다 하고 국립어린이청소년도서관에 갔는데 차 창문에

빗방울 모양이 커튼같이 보였습니다.

서고자료실에서 성교육 책을 보고 DVD를 봤습니다.

'라이온 킹 버추얼 사파리'를 하는 것이 재미있었습니다.

그리고 라이온 킹 DVD 게임을 하고 폴라 익스프레스를 봤습니다.

왜냐하면 DVD 플레이어보다 컴퓨터를 조종하는 것이 쉬웠기

때문이었습니다.

더 빌리고 싶지만 3층 외국자료실에 갔습니다.

일본책, 중국책, 영어책 등이 있었습니다.

그중에서 도서관 2층 서고자료실이 좋았습니다.

선생님: 상현이는 책 보는 걸 좋아해서 도서관에 자주 가는구나. 나중에 친구들이랑 현장학습 갈 때 상현이가 안내해 줘.

아이가 공공도서관에서 성교육 책을 당당히 펼쳐 놓고 보니 내가 더 민망했다. 당연히 봐도 되는 책인데, 당황스러운 것이 사실이었다. 그렇다고 내가 호들갑스럽게 반응하면 본인이 잘못이라도 한 줄 알까 봐 조용히 시선을 다른 곳으로 유인했다.

2015년 8월 20일 목요일

<나의 비밀암호>

국립어린이청소년도서관에 갔는데 연지원 선생님이 머리가 아프다고 하셨습니다.

2층 서고자료실에서 암호를 찾아서 다행이었습니다.

다음부터 비밀암호를 꼭 기억하고 있어야겠습니다.

'퍼즐 애니북 라이온 킹2', '정글북' 책을 봤습니다.

더 빌려서 보고 싶었는데 엄마들이 오셔서 아쉬웠습니다.

비밀암호는 어려웠지만 조금 쉬웠습니다.

나는 지구를 그리고 'Peace on Earth'을 썼습니다.

선생님: 앞으로는 비밀번호를 외워서 좋아하는 책들 빌려 보도록 하자. 상현이가 그림 그리고 글씨 쓴 티셔츠 보고 싶다.

인터넷이나 도서관에 아이 이름으로 회원가입을 했어도 아이디와 비밀번호 관리는 내가 했었다. 그러니 아이가 아이디나 비밀번호를 기억하지 못하는 건 당연했다. 이날 이후로는 아이디와 비밀번호를 메모하고 외우게 해서, 스스로 로그인할 수 있게 연습시켰더니 곧잘 했다. 스스로 할 기회가 없어서 못 하고 있었던 것이다. 생각해 보니 그런 경우가 꽤 많았던 것 같다.

서초강산 퍼레이드 재미있었니?
선생님은 뉴스에서만 봤는데 볼거리가
아주 많은 것 같더라~ 5월 5일에는 어디에서 코스프레를
봤던거야?^^ 휴일이나 주말에도 열심히 볼거리를 보고 느끼는 생활이 멋지다!!

2015년 9월 20일 일요일

〈서초강산 퍼레이드〉

치과에 갔다가 스무디킹을 마셨습니다.

서초강산 퍼레이드가 시작해서 기대됐습니다.

악단들, 강아지 행진, 소림사, 말 타는 기사, 옛날 차, 국립어린이청소년 도서관차를 봐서 반가웠습니다.

그중에서 외발자전거, 인라인스케이트등 묘기를 하는 것이 재미있었습니다.

그리고 코스프레를 보니까 5월 5일에 봤던것이 생각났습니다.

커다란 지구본, 탈춤, 소방차에 불을 나오는 것이 멋졌습니다.

그리고 오페라 공연차, 신세계차가 있었습니다.

할머니께 사진을 보여드리고 싶습니다.

집에 오는 길에 전철에서 철봉을 해서 나눈미안했습니다. 다음부터 전철에서 철봉을 하지 않기로 결심했습니다.

2015년 9월 20일 일요일

〈서초강산퍼레이드〉

여기저기 붙어 있는 홍보 포스터를 보고 '서초강산퍼레이드'에 가자고 아이가 먼저 이야기했다. 돌아오는 길에도 흥이 가라앉지 않았는지 지하철 안 손잡이를 잡고 철봉이라고 매달리는데, 너무 갑작스러운 행동이라 정말 깜짝 놀랐다. 아직도 가르칠 게 너무 많구나 하는 생각에 한숨이 나왔다.

딱히 잘못이라고 할 순 없어도 하지 않았으면 좋을 법한 애매한 상황이 벌어질 때도 있다. 그럴 땐 이렇게 이야기해 준다. "상현아, 네가 잘못한 건 아닌데, 엄마는 그러지 않았으면 좋겠어"라든가, "상현아, 네 말이 맞는데, 사람들이 싫어할 수도 있어"라고. 그 말이 곧 하지 말라는 뜻이라는 걸 어느 날부터 이해하는 것 같았다.

2015년 9월 28일 월요일

<야경 보러 가기>

야경, 달구경 하려고 친구들과 함께 남산에 갔습니다.

날씨가 흐려서 보름달을 못 봤습니다.

건물들의 빛들이 많이 있어서 보석과 같았습니다.

차 불빛도 있고 멀리에 있는 제이롯데월드도 있었습니다.

바닥에 안개분수가 신기했습니다.

낮에는 강남역 영풍문고에서 여행책을 봤습니다.

어린이 영어책이 없어서 다시 알라딘서점에 갔습니다.

책을 많이 보고 싶었는데 친구와 약속이 있어서 아쉬웠습니다.

나중에 야경 보러 갈 때 달을 보고 강강술래를 하고 싶습니다.

선생님: 남산에서 바라본 보름달은 어땠니? 소원은 빌었어? 남산에서 내려다보는 서울의 야경 정말 멋지지?

아이가 어릴 땐 아파트 옥상에서 달구경을 하고, 둘이서 강강술래를 하곤 했다. 이번엔 친구들과 남산까지 왔으니 강강술래를 제대로 하고 싶었던 모양인데, 사람이 너무 많아서 도저히 할 수가 없었다. 달구경 가서 사람 구경만 하고 왔다고 할 정도였으니 좀 창피했던 게 솔직한 심정이다. 내년에는 눈 딱 감고 용기를 내 볼까?

2015년 10월 3일 토요일

<천사야! 눈 맞춰 볼래?!>

자하미술관에서 '천사야! 눈 맞춰 볼래?!'전을 했습니다.

내가 그린 캐릭터, 자화상, 과일, 입체 상자 등을 전시했습니다.

축하음악회를 하고 2층에 갔습니다.

2층에는 천막, 테이플 작품, 클레이 작품 등이 있어서 신기했습니다.

집에 가려고 했는데 승은이 아줌마가 열쇠가 잃어버려 할 수 없이

아줌마랑 택시를 탔습니다.

광화문에서 바자회 구경을 많이 했습니다.

작년에 자하미술관에서 LG아트클래스전을 했던 것이 기억났습니다.

밤에는 아파트 옥상에서 불꽃놀이 구경했습니다.

하트, 스마일 불꽃이 신기했습니다.

선생님: 상현이 작품을 전시했다니 선생님도 보고 싶은 걸? 승은이 어머님은 열쇠 찾으셨나? 엄청 놀라셨을 것 같아.

작년에 친구들이 그림 전시회를 하는 걸 보고 부러워해서 올해는 상현이도 참가했다. 미술 작업을 하는 과정도 좋았고, 멋진 갤러리에서 자기 작품을 전시하니 성취감도 느꼈다. 다른 사람들이 보기에는 시시해 보일지 몰라도, 세상에서 하나밖에 없는 소중한 작품들이다.

2015년 12월 10일 목요일

〈포켓볼〉

민규랑 부대찌개를 먹고 김치 당구장에 갔습니다.

포켓볼은 색깔이 예뻐서 마음에 듭니다.

민규랑 나랑 같은 편을 하고 엄마랑 경기를 했는데 우리가 이겼습니다.

비발디파크에서 포켓볼을 처음 쳤던 것이 생각났습니다.

남성시장에서 구경을 하고 롯데리아에 갔습니다.

나는 모짜렐라인더버거를 샀습니다.

포켓하우스에 가고 싶었는데 문을 닫아서 아쉬웠습니다.

나중에 문이 열면 포켓하우스에 가고 싶습니다.

선생님: 시험 기간이라 민규랑 같이 간 거야? 선생님도 포켓볼 배워 보고 싶다! 상현이 어머니께서도 잘하시나 보다. 나중에 문 열 때 포켓하우스에 가 보도록 하렴. 방학 때 가면 될 것 같아.

나도 아이도 포켓볼 치는 걸 좋아하는데, 맘 편히 갈 만한 곳이 별로 없다. 대학가의 세련된 포켓볼장을 가자니 젊은 사람들이 나 같은 아줌마가 오는 걸 달가워하지 않을 것 같고, 이날처럼 일반 당구장에 가면 아저씨들 눈치가 좀 보인다. 한 살 한 살 나이가 들수록 더 그런 것 같다.

2015년 12월 14일 월요일

<777.7 카페>

포켓볼을 치러 갔는데 엄마와 오빈이 팀은 2번 이겼고
나와 민규 팀은 1번을 이겼습니다.
777.7 카페에서 와플을 먹고 책을 조금 봤습니다.
아빠랑 재현 형이랑 777.7 카페에 왔던 것이 기억났습니다.
777.7 카페는 도서관이랑 비슷해서 마음에 들었습니다.
그리고 반포복지관에서 방송댄스를 했습니다.
오늘은 '라이언 하트', '아추'를 했습니다.
나는 '라이언 하트'가 더 좋았습니다.
나중에 노래방에서 '라이언 하트'를 부르고 싶었습니다.

선생님: 777.7 카페는 어디에 있는 거야? 상현이네 동네에 있는 거야? 상현이가 좋아하는 책이 많아서 좋았겠다. 그리고 상현이 배우는 방송댄스 선생님도 배우고 싶은데 가르쳐 줄 수 있어?

동요나 만화주제곡 말고는 관심이 없던 상현이가 방송댄스 수업을 하면서 유행하는 노래에도 조금 관심을 갖게 되었다. 춤을 추는 상현이를 보니 댄스에는 영 재능이 없는 것 같지만, 음악을 듣고 동작을 외우고 땀을 흘리는 것으로 나는 만족한다.

2015년 12월 24일 목요일

〈합창대회〉

서울고등학교 강당에서 합창대회가 열렸습니다.

우리 반은 '여행을 떠나요'를 불렀습니다.

나는 노래방에서 '여행을 떠나요'를 불렀던 것이 생각났습니다.

나는 노래를 부를때 큰소리로 불렀습니다.

나는 13반이 부른 '풍문으로 들었소' 노래가 좋았습니다.

우리 반은 인기상을 타서 마음이 설레었습니다.

내년에도 합창대회를 열었으면 좋겠습니다.

저녁에는 오랜만에 깐쇼새우를 먹고 성탄절 맞이 파티를 했습니다.

오늘밤에 산타할아버지에게 선물을 받고 싶습니다. 산타할아버지는 투명인간 인거 같아서 신기합니다.

상현이 덕분에 10반이 인기상을 받은거 아니? 이날 정말 잘했어! 상현아^^ Very Good~ Great

그런데 내년에는 상현이가 2학년이 되서 합창대회에 참여 못 할 것 같아서 아쉽다ㅠ.ㅠ

산타할아버지는 우리 눈에 안 보이시니 진짜 투명인간 같지? 선생님도 신기하다고 생각해^^

2015년 12월 24일 목요일

〈합창대회〉

나중에 이날 영상을 보게 되었는데, 다들 잘했다고 했지만 내 가슴은 보는 내내 콩닥콩닥 뛰었다. 그리고 학창 시절에 좋은 추억을 만들어 준 담임 선생님과 친구들이 고마웠다. 그런데 우리 상현이, 고등학생인데도 산타클로스를 믿고 있다니. 행복하다고 해야 할까?

2016년 1월 7일 목요일

〈주민등록증〉

※ 주민등록증 대한민국 국민으로서 국내에 주소를 두고 거주하는 주민임을 증명하는 증명서

Good!!

반포 3동 주민센터에서 주민등록증을 ~~했~~ 만들었습니다.

열 개의 손가락에 잉크를 묻혀서 지장을 찍었는데 손바닥 그림 그렸던 생각이 났습니다.

손을 씻고 2층에 있는 작은 도서관에 갔는데 깨끗하게 리모델링 되어 있었습니다.

나는 '애견 백과사전'을 봤는데 재미있는 내용이 많았습니다.

강아지한테 먹이면 안되는 음식은 대파, 양파, 닭뼈, 생선뼈, 초코렛, 케익 등이 였습니다.

나는 말티즈가 마음에 들었는데 엄마는 올드 잉글리쉬 쉽독이 예쁘다고 하셨습니다.

개마다 공격성이 다른 것이 신기했습니다.

나중에 할머니랑 작은 도서관에 오고 싶습니다.

우와! 벌써 주민등록증을 만드는구나^^ 느낌이 어땠니? 성인이 됐다는 증거인데~
요즘엔 주민센터에 문화시설이 잘 되어있지? 좋아하는 책도 많이 보고 좋았지? ^^
그런데 왜 강아지한테 이런 음식들을 먹이면 안 되는거야? 이유를 알고 싶다~

2016년 1월 7일 목요일

〈주민등록증〉

아이의 발달과는 상관없이 벌써 주민등록증이 나올 나이가 되었다. 큰 아이가 만들었을 때는 감개무량하기만 했는데, 상현이 주민등록증이 나온다고 하니 마냥 기쁘지만은 않았다. 이제는 사람들이 아이에게 '상현 씨'라고 부르는 데 익숙해졌지만, 처음에는 그 호칭이 너무 어색하고 싫었다. 그럴 수 없다는 걸 잘 알면서도, 내 마음속에서는 상현이가 영원히 피터 팬으로 남길 바랐나 보다.

2016년 1월 22일 금요일

<서초어린이도서관>

어반플레이스 뷔페에서 맛있게 먹었습니다.

점심을 먹고 서초어린이도서관에 갔습니다.

서초어린이도서관에 간 것은 처음이었습니다.

도서관에서 책을 많이 봤습니다.

그리고 3층에서 동물백과사전, 영어책, 과학책 등을 봤습니다.

애완동물책을 봤는데 기르던 강아지가 죽으면 비닐에 싸서

상자에 넣으라고 써 있었습니다.

나는 불쌍한 생각이 들었고 강아지 루키가 죽을까 봐 걱정이 되었습니다.

선생님: 우리 독서왕 상현이.^^ 지난번 주민센터 도서관에서도 강아지 관련 책을 보더니 이번에도 그런 책을 읽었구나. 강아지는 인간보다 수명이 짧아서 키우던 사람들이 많이 슬퍼하더라.

당연한 얘기지만 어린이도서관엔 정말 어린이들이 많다. 그 틈에서 보호자라고 해도 믿을 만한 상현이가 열심히 책을 본다. 사실 이곳에 있는 책들이야말로 아이의 수준에 맞는지도 모르겠다. 좀 멋쩍긴 했어도 상현이 표정을 보니 뭐 오케이다.

2016년 2월 2일 화요일

〈경원중학교〉

오빈이랑 민규랑 오랜만에 경원중학교에 갔습니다.

오랜만에 중학교에 가니까 중학생 때 생각이 났습니다.

성악을 배웠던 생각도 나고 'Win-Win 서포터즈'를 했던 것도 생각났습니다.

양미수 선생님, 김혜경 선생님을 만나서 반가웠습니다.

양미수 선생님이 다른 학교로 가신다고 해서 나는 아쉬웠습니다.

피자를 먹고 도서관에서 동물백과를 봤습니다.

그리고 급식실이 조금 바뀌어서 신기했습니다.

나중에 경원중학교에 또 가고 싶습니다.

선생님: 상현이 중학교 선생님께서 정말 좋아하셨겠다. 중학교에 있는 도서관에 간 거니? 여기저기 둘러보면서 바뀐 것도 찾아 내고 대단하다. 나중에 고등학교를 졸업하면 찾아오렴.

졸업한 지 1년 만에 모교에 방문했다. 선생님들도 반갑게 맞아 주시고 즐겁고 편안한 시간을 보냈다. 매년 크리스마스에 상현이는 이 두 선생님께 카드를 보낸다. 참 좋은 인연이다.

7장 12년, 참 열심히 살았는데도 황량한 벌판에 아이와 단둘이 서 있는 느낌이었다

어느 날 등굣길에 상현이가 “저도 대학에 떨어질까 봐 걱정돼요” 하고 말했다. 계속 대학입시에 실패하는 형 때문인지, 입시 준비로 분주한 학교 분위기 때문인지 제 딴에도 걱정되었나 보다. 나는 뭐라고 똑 부러지게 대답해 줄 수가 없어서 말끝을 흐렸다.

발달장애 아이들은 보통 고등학교를 졸업하면 대학에 진학하기보다는 취업하거나 복지관 아카데미에 다닌다. 상현이 고등학교 특수학급 선생님은 취업하는 편이 아이들을 위해 좋다고 판단해서 아이들에게 바리스타 자격증이나 제과제빵 자격증을 따게 하거나 사무보조 업무를 가르치는 등 다양한 직업훈련을 시켰다. 나도 상현이가 고등학교를 졸업하면 바로는 아니더라도 언젠가는 취업을 해야 한다고 생각했기 때문에, 직업교육을 받으며 적성을 찾아 나가는 과정을 응원했다. 상현이는 그 과정을 대부분 재미있게 따라가 주었는데, 그 가운데서도 제과제빵 수업을 특히 재미있어했다. 제과제빵 수업을 받은 날이면 그날 만든 결과물을 집에 가지고 와 맛보이며 본인이 더 즐거워했고, 수업받은 내용을 일기에 꼭 남겼다.

또 복지관 선생님 말씀으로는 상현이가 물감이나 색연필, 일회용 수저를 포장하는 단순한 업무도 즐거워해서, 12색 색연필 포장 작업을 하다가 24색 포장 작업을 하면 더 신나 하며 점심시간까지 일해서 좀 쉬라고 권할 정도라고 하셨다. 지금은 제과제빵이든 사무보조 업무든 포장 업무든 관련 일을 하고 있지는 않지만, 상현이 안에 그 모든 경험이 녹아 있다고 생각한다. 원반의 고3 아이들이 입시 준비로 바쁘던 2017년, 특수학급의 고3 아이들도 그에 못지않게 본인의 미래를 위해 이렇게 바쁜 나날을 보냈다.

아이들만 바쁜 것이 아니라 엄마들도 여기저기에서 부모교육을 받느라 바빴다. 장애가 있는 아이를 사회에 내보내려면 부모도 준비해야 하기 때문이다. 발달장애 아이들은 고등학생 때까지 비슷비슷한 생활을 하지만, 졸업하는 순간부터는 각자 자기가 준비하고 선택한 삶을 살게 된다. 그래서 부모 역할이 다시금 중요해지는 때이기도 하다.

우리는 마지막 학창 시절이 될 지금이 지나가는 것이 너무 아까워 최선을 다해 하루하루 살았다. 결석도 하지 않고, 마라톤대회나 미술대회, 글짓기대회 할 것 없이 학교에서 여는 행사에도 꼭 참여했다. 더러는 좋은 성적을 내기도 했다.

그리고 대학수학능력시험도 치렀다. 주변에서 대학에 진학할 것도 아닌데 힘들게 뭐하러 수능까지 보냐고들 했지만, 상현이가 원했기 때문에 그렇게 했다. 시험 전날 배정 학교에 가서 같이 자리도 확인하고, 수능 당일 새벽 도시락을 싸서 시험장에 들여보내며 시험 잘 보라고 응원해 주었다. 그리고 해 질 무렵 시험장을 빠져나오는 상현이를 꼭 안아 주었다. 나는 상현이가 자랑스러웠고, 본인도 무척 뿌듯해했다. 지금 생각해도 잘한 결정 같다.

졸업을 앞두고 지난날들을 돌아보았다. 아이는 벌써 20대가 되어 버렸는데, 처음 장애 진단을 받을 무렵 가졌던 막연한 희망이 이루어지지도, 내 아이에게만은 꼭 일어날 것 같았던 기적이 일어나지도 않았다. 언어 폭발도 일어나지 않았고, 자폐성 장애인들이 가지고 있다는 천재성도 영화에나 나오는 이야기였다.

초등학교 입학식 날 나는 고등학교 졸업식 날이 오기만을 기다렸는데, 막상 학교를 떠날 때가 되니 졸업을 미루고 싶은 심정이었다. 학교 밖으로 내팽개쳐지는 느낌이 들었고, 아이가 교복을 벗으면 더는 아무런 보호를 받지 못할 것 같았다. 12년, 학교생활을 나름 충실히 했는데도 아무것도 준비된 것 같지 않았고, 아이와 나만 황량한 벌판에 서 있는 느낌이었다.

하지만 하루하루 노력하고, 실패하고, 좌절하고, 때론 성공했던 웃고 울던 그 12년이 지금 상현이 안에 고스란히 남아 있다. 고등학교 졸업을 앞둔 상현이는 12년 전 초등학교 입학식 날 두 귀를 막고 불안해하던 그 아이가 아니다. 마찬가지로 10년 뒤의 상현이도 오늘의 상현이가 아닐 것이라 나는 믿는다.

2016년 3월 2일 수요일

〈시업식〉

나는 2학년 10반이 되었습니다.

담임 선생님 성함은 박신영 선생님이고 영어 선생님입니다.

오빈이, 찬영이와 같은 반이 되어서 좋았습니다.

양종원, 김현우, 박혜람 등 1학년 15반 친구들은 다른 반으로 갔습니다.

2학년 때도 떠들지 않고 선생님 말씀 잘 듣는 상현이가 되겠습니다.

오후에 국립어린이청소년도서관에서 '체코 마리오네트 전시회'를 봤습니다.

직접 움직여 보니까 약간 어려웠습니다.

나는 마리오네트 같은 인형을 만들어 보고 싶습니다.

선생님: 상현아! 2학년이 된 것 축하해. 동생들도 들어왔으니 더욱 모범을 보이면서 2016년도 열심히 잘해 보자. 마리오네트는 선생님도 좋아하는 건데 같이 만들어 볼까?

고등학생이 되어서 상현이가 가장 큰 변화를 보인 건 '친구 관계'이다. 그전까지는 사람 이름을 잘 못 외웠는데, 1학년 때는 같은 반 친구들의 이름을 나열할 정도로 발전했다. 어느 날 특수학급 수업 시간에 자기는 원반에 가서 공부하겠다고 교과서를 챙기고 고집을 부렸다고 한다. 좋은 발전임이 분명한데 그 말을 들으니 내 마음에 찌르르 전기가 통했다.

2016년 3월 27일 일요일

<상명대학교>

오늘은 부활절 날입니다. 미사 끝나고 상명대학교에 갔습니다.

선생님 연구소에서 인사하고 이야기를 나눴습니다.

연구소 안에는 사진들이 많았는데 양종훈 선생님이 어떤 사진들이

마음에 드냐고 물어보셔서 물 뿌리는 사진과 웃는 아이들 사진,

방금 태어난 아기 사진이 좋다고 말했습니다.

선생님이 무슨 사진이 찍고 싶냐고 해서 나는 복도에서 사진을 찍는다고

말했습니다.

내가 찍은 복도 사진들을 보여 드렸더니 잘 찍었네라고

말씀하시고 사진책과 블루투스 핸드프리이어세트를 주셨습니다.

사진을 찍어 보니까 재미있었고 멋졌습니다.

다음에 양종훈 선생님을 만나서 사진을 또 찍고 싶습니다.

우연히 상명대학교 사진학과 학생, 동문 들이 여는 사진전에 게스트로 참여할 기회가 주어져서, 좋은 선생님께 사진을 배우게 되었다. 선생님은 상현이의 시야가 넓어서 참 좋다 하시며, 국회의원 선거를 주제로 사진을 찍어 보라 하셨다.

이후로 우리는 학교가 끝나면 국회의원 후보들의 유세 일정을 따라 움

직였다. 아이는 유세장에서 자신의 시점으로 사진을 많이 찍었다. 내가 "선거 유세장에 가 보니까 어때?" 하고 물으니 "시끄러웠어요" 한다. 하하하, 솔직도 하셔라.

2016년 4월 12일 화요일

<호두쿠키 만들기>

호두쿠키 반죽을 하고 다진 호두, 오트밀, 초코렛칩을 넣었습니다.

반죽을 동그랗게 해서 납작하게 만들었습니다.

그리고 아몬드를 꾹꾹 눌러서 오븐에 구웠습니다.

쿠키가 잘 익었는지 안 익었는지 오븐을 들여다봤습니다.

쿠키가 구워 보니까 황토색이었습니다.

지난주의 아몬드볼을 잃어버리는 것이 생각이 나서 이번에는 잘 챙겼습니다.

동부이촌동 선거 사진을 찍으러 갔는데 없어서 아쉬웠습니다.

선생님: 쿠키가 황토색이 되는 이유는 계란을 넣기 때문이란다. 계란이 뜨거운 열을 만나서 황토색으로 변하는 과정인데 상현이가 잘 발견했네!

매주 한 번씩 복지관에서 제과제빵 수업에서 머핀이나 콘브레드 같은 빵과 각종 쿠키를 만드는 법을 배웠다. 집에 와서는 레시피 대로 다시 만들어 보기도 하고, 할머니와 고모들에게 선물하기도 하며 뿌듯해했다. 나는 그때의 일기를 읽어 보며 상현이가 교육을 받으며 무엇을 느끼고 받아들였는지 알 수 있었다.

2016년 4월 14일 목요일

<선거 사진전>

오랜만에 혜화역에 갔습니다.

'한라부터 백두까지' 전시회를 하기 때문입니다.

사람들이 많고 카메라를 들고 있는 사람들이 많았습니다.

모두 시진들을 구경하고 나의 선거 사진을 봤는데 기분이 참 좋았습니다.

그중에서 반포도서관에 갈 때 사진을 찍었던 것이 기억났습니다.

다른 사진 중에서는 청계천 사진과 신세계백화점 사진이

마음에 들었습니다.

민교가 오락실에 가고 싶었는데 너무 늦어서 아쉬웠습니다.

다음에 코엑스 오락실에 가기로 약속했습니다.

선생님: 전시회가 이날이었구나. 선생님은 기사로만 봤는데 상현이가 정말 자랑스러웠어. 상현이도 직접 찍은 사진을 전시하니 뿌듯하지? 다음에 더 멋진 사진 찍어서 선생님도 초대해 줘.

이때 사진을 접한 뒤로 상현이는 새로운 장소에 가면 사진 찍느라 바쁘다. 이 취미는 자폐인에게 참 좋다. 무엇을 찍을까 생각도 하고, 자세히 들여다보고 집중하며 찍으니 관심의 영역도 확대된다.

2016년 4월 30일 금요일

<마라톤대회>

일 년 만에 서울대공원에서 마라톤대회를 했습니다.

나는 71등이라서 아쉬웠습니다.

박혜람이 1등 해서 축하해 주었습니다.

오랜만에 과천과학관에서 천체투영관에 갔습니다.

천체투영관에 간 것은 처음이었습니다.

별자리가 많이 신기했고 우주선을 타는 것이랑 비슷했습니다.

그리고 자연사관에서 자동차 운전을 하는 것이 재미있었습니다.

스페이스 월드에서는 신기하고 컴컴했습니다.

선생님: 마라톤대회에서 70등 할 수 있었는데 너무 아쉬웠지? 그래도 잘했어! 상현이는 마라톤대회 끝나고 과천과학관까지 갔구나! 선생님은 한 번도 못 가 봤는데 상현이 일기를 보니 가고 싶어진다.

올해 마라톤대회에서 상현이는 71등을 했다. 71등이 아쉬운 이유는 2016년이 서울고등학교 개교 70주년이라 70등에게 특별한 상을 주었기 때문이다. 상현이 뒤에 있던 한 학생이 그걸 알고 마지막에 스퍼트를 낸 건 아닐까? 괜히 잠깐 억울했다.

2016년 5월 10일 화요일

〈반성문〉

1교시가 덜 끝났을때 2학년 16반 문을 열고 도원희한테 인사를 해서 도원희가 창피 했습니다.

그래서 선생님한테 혼나고 반성문을 썼습니다.

원희한테 미안하다고 말했는데 원희는 대답을 안해서 속상 했습니다

다음부터는 남의 교실을 열지 않겠고 친구를 창피하게 하지 않겠습니다.

원희가 빨리 풀렸으면 좋겠습니다.

→ 상현아^^ 많이 반성하고 약속했으니 속상해하지 않아~

그리고 다시 사이좋게 지냈으면 좋겠습니다.

까리따스복지관에서 아몬드 통밀쿠키를 만들었습니다.

반죽을 동그랗게 만들고 계란노른자를 발르고 포크로 조금씩 긁어서 오븐에 구웠습니다.

포크를 긁어보니까 농사지는 것과 비슷했습니다.

쿠키 만드는 게 방법이 매번 다르지? 농사 지을 때도 저렇게 밭에 도랑을 내는데 상현이가 잘 발견한 것 같아^^

감동했어요

2016년 5월 10일 화요일

<반성문>

원희는 상현이가 고등학교에 와서 스스로 사귄 첫 친구다. 이전까지 친하게 지낸 친구들은 사실 엄마들끼리의 친분으로 이어진 경우가 많았다. 키가 큰 원희를 형같이 의지했는데, 이날 아침에 인사를 못 한 게 아쉬웠는지 복도를 지나가다가 수업 시간인데도 반가운 마음에 원희네 반 앞문을 드르륵 열었나 보다. 그래도 그렇지 수업 시간에 남의 반 앞문을 열다니! 너무 어이가 없어 헛웃음이 났다.

2016년 6월 2일 목요일

〈백일장〉

처음으로 올림픽공원에서 백일장을 했습니다.

나는 '나무'에 대해서 글을 썼습니다.

백일장 쓰는 중에 개미구멍이 있어서 신기했습니다.

개미구밍이 안 보어서 나는 플래시를 켜서 찍었습니다.

나는 나무 이야기를 만들었습니다.

그리고 성화를 보니까 화려하고 멋졌습니다.

백일장이 끝나고 가나안 즉석떡볶이에 갔습니다.

홍찬영이랑 같이 먹고 싶었는데 결석해서 섭섭했습니다.

다음에 홍찬영이랑 즉석떡볶이를 먹고 싶었습니다.

오랜만에 국립어린이청소년도서관에서 학습교육 동화책을 봤습니다.

가끔 언어치료에서 나는 학습교육 동화책을 봤던 것이 기억났습니다.

선생님: 찬영이가 이날 못 나와서 아쉬웠지? 선생님은 오빈이, 기영이가 오지 못한 것도 아쉽더라. 작년에는 메르스 때문에 사생대회를 학교에서 해서 올해 2학년은 처음으로 밖에서 대회를 치른 거구나. 지금 3학년 형들은 1학년 때는 비가 와서, 2학년 때는 메르스 때문에 한 번도 밖에 나가지 못했단다.

이날 백일장에서 상현이가 입상했다. 나는 어리둥절해서 선생님께 "혹시 특수학급 학생이어서 상을 준 걸까요?" 하고 여쭤봤더니, 전혀 그렇지 않고 상현이 글이 정말 좋았다고 하셨다. 너무 신기해서 상현이에게 그날 백일장 주제였던 '나무'에 대해서 뭐라고 썼냐고 물어보니, '아낌없이 주는 나무'에 대해서 썼단다. 그 글을 읽어 보진 못했지만, 아이의 진심이 담긴 글이라는 걸 안다.

2016년 6월 16일 목요일

〈내 생일〉

오늘은 내 생일이었습니다.

연극치료가 끝나고 오랜만에 빕스에 갔습니다.

빕스에서 생일파티를 했습니다.

할미니, 고보께서 주신 용돈을 승은이가 선물해 준

금고 저금통에 넣었더니 자동으로 스르륵 들어갔습니다.

나는 금고 저금통이 마음에 들었습니다.

베터리를 넣었더니 소리가 나서 기뻤습니다.

선생님: 금고 저금통 정말 멋지다! 비밀번호도 정했니? 비밀암호를 풀어야 상현이가 모은 돈이 나올 수 있는 거지? 잘 기억해야겠다. 금고가 얼마나 큰지 알고 싶다!

대형마트에 가면 금고를 구경하고 갖고 싶다고 계속 이야기했는데, 친구에게 금고 저금통을 생일선물로 받았다. 상현이는 정말 만족하고 기뻐했다. 어쩌면 상현이가 가지고 싶었던 것은, 진짜 금고가 아니라 자기만의 금고였는지도 모르겠다. 지금도 용돈이 생기면 꼭 여기에 보관한다.

2016년 7월 16일 토요일

〈경희제 축제 둘째 날〉

서울고등학교에서 활쏘기, 다트 놀이를 하고 구경했습니다.

환경 생물반에서 파충류, 하얀 쥐, 타란튜라, 전갈 등을 봤습니다.

과학체험을 하고 햄스터, 하얀 쥐를 만져 봤고

복도에 피라미드 모형이 있어서 신기했습니다.

동물의 뼈, 이빨, 화석을 보고 다른 교실에 들어갔는데 형광색이 많으니까

쿠사마 야요이전과 비슷한 생각이 났습니다.

엄마랑 '월E'를 움직이는 것이 재미있었습니다.

볼거리가 더 많았고 공연을 보고 싶었는데 집에 가야 해서 아쉬웠습니다.

내년에 경희제 때에는 친구들도 초대해서 공연도 보고

전시회, 체험 등 하고 싶습니다.

오늘 본 것 중에서는 환경 생물반이 좋았습니다.

> 선생님: 선생님도 환경 생물반이 참 좋았어! 뱀이 조금 징그럽긴 했지만.^^; 내년도 기대해 보자.

작년 학교 축제에 참석 못 하게 한 게 마음에 걸려서, 올해는 맘껏 즐기게 했다. 내 손을 잡고 여기저기 구경시켜 주는 아이를 보고, 작년에는 왜 그렇게 위축돼서 이렇게 아이가 좋아하는데도 안 보냈는지 반성했다.

2016년 8월 6일 토요일

〈제31회 리우데자네이루 올림픽〉

※유네스코
United
Nations
Educational
Scientific
Cultural
Organization

올림픽은 IOC(International Olympic Committee)가 4년마다 개최하는 국제스포츠 대회 입니다.

오늘 텔레비전에서 리우 올림픽 개막식을 봤습니다.

나는 형광색 조명이 멋지고 선수들이 입장하는 것을 봤습니다.

우리나라 서울에서는 1988년에 올림픽을 했다고 합니다.

나는 잠실 올림픽 경기장에서 플로어볼을 배운적이 있고 어릴때 인라인 스케이트 대회에 나갔던 기억났습니다.

리우는 브라질의 제2의 도시이고 1960년 까지 수도였고 세계 3대 미항의 하나라고 하고 2012년에는 유네스코(Unesco) 세계문화유산으로 등재되었다고 합니다.

"주변 자연환경이 아름다운 항구"라는 뜻이란다^^

나는 리우라고 하니까 예전에 봤던 영화 '리오'가 기억났습니다.

참잘했어요

선생님은 개막식을 잘 보지 못했는데 어땠어?. 엄청 화려했니? ^^
상현이도 올림픽에 관심을 많이 가지고 있는 것 같아~ 어떤 경기가 제일 재밌었는지 나중에 이야기해 줘^^

2016년 8월 6일 토요일

〈제31회 리우데자네이루 올림픽〉

상현이가 시사나 뉴스에 전혀 관심이 없어서, 일부러 아이를 앉혀 놓고 올림픽 개막식을 같이 봤다. 상현이가 관심을 가질 만한 소식이 있으면 일부러 찾아서 보여 주곤 한다. 얼마 전 봉준호 감독의 〈기생충〉이 아카데미 작품상을 받았다고 전해 주자, "네, 아카데미상이요. 2002년에 〈슈렉〉, 2006년 〈월래스와 그로밋—거대 토끼의 저주〉, 2014년 〈겨울왕국〉……"이라며 몇몇 익숙한 영화 제목을 이야기한다. 나는 정말 깜짝 놀랐다. 아카데미상 자체를 모를 줄 알았는데, 오히려 내가 아카데미상에 애니메이션 부문이 있는지 처음 알게 되었다. 상현이 안에는 내가 모르는 어떤 모습들이 더 있는 걸까?

2016년 8월 9일 화요일

〈속초 바다 여행〉

엄마랑 같이 속초 바다에 갔습니다.

울산바위를 보고 예쁜 구름을 봤습니다.

옛날에 속초 바다에 갔던 것이 기억났습니다.

속초 바다에 간 것은 오랜만이었습니다.

속초 바다에서 물장구를 치고 두껍아 두껍아 모래놀이를 했습니다.

울산바위에 안개가 끼는 것이 신기했습니다.

그리고 켄싱턴 콘도에 들어갔는데 리모델링을 해서 좋았습니다.

옹심이 칼국수를 먹어 보니까 옹심이는 젤리랑 비슷했습니다.

강과 산을 보니까 피오로드가 생각났습니다.

선생님: 속초가 가깝지 않은 곳이라 힘들었을 테지만 맛있는 것도 먹고 재밌었겠다.

사실 이날은 남편과 말다툼 끝에 즉흥적으로 속초에 갔던 것이었다. 상현이가 불안해하니 속상한 마음에 훌쩍 바람 쐬러 가는 길에도 동행할 수밖에……. 오랜만에 바다에 오니 상현이가 무척 좋아했는데, 표정이 좀 오묘했다. 웃고는 있는데, 내가 지금 좋아해도 되는 건가 하는 그런 야릇한 표정? 내가 그토록 바라던 복합적인 감정이 담긴 표정을 여기에서 보게 되다니……. 참 아이러니하다.

2016년 10월 22일 토요일

〈롯데면세점 패밀리 페스티벌〉

서울별별여행에서 청담탁구장에 갔습니다.

탁구장에서 신나게 탁구를 쳤습니다.

그리고 토니버거에서 나는 부리또를 먹었습니다.

그리고 나서 저녁에 올림픽종합운동장에 갔습니다.

패밀리 페스티벌 가수는 트와이스, 여자친구, EXID, 마마무, EXO 등이

었습니다.

그중에서 불꽃을 쏘는 게 멋있었고, 무대조명이 알록달록해졌고

드론이 하늘에 반짝거려서 예뻤습니다.

관객들이 야광봉을 흔들면서 환호성을 치고 크게 외치니까

무지 시끄러웠습니다.

나는 패밀리 페스티벌을 하는 것이 처음이었습니다.

내년에도 패밀리 페스티벌을 또 가고 싶었습니다.

선생님: 상현이 토요일을 정말 알차게 보냈구나. 콘서트에서 가수들도 보고 좋았겠다! 엄마랑 함께 간 거야?

상현이는 아이돌 가수에게는 전혀 관심이 없고 노래도 모르지만, 노을 질 무렵부터 선선하게 부는 바람과 화려한 조명, 불꽃, 머리 위에 우주선같이 떠다니는 드론까지. 그 분위기만으로도 신이 났던 것 같다.

2016년 10월 24일 월요일

<석모도 여행>

민규랑 석모도 여행을 갔습니다.

예전에 우리 가족들이랑 강화도 바다에 갔던 것이 기억 났습니다.

차를 타고 배를 타니까 신기했는데 갈매기 떼가 과자를 먹으려고 쫓아와서 조금 겁이 났지만 참았습니다.

보문사에 갔는데 오르막길이어서 힘들었지만 단풍이 예뻐서 좋았습니다.

그리고 오백나한을 보고 마애관세음보살에 올라갔는데 계단이 많아서 덥고 힘들었지만 갯벌이 보이고 섬이 보였습니다.

그리고 나서 갯벌에 갔는데 작은 구멍이 많았습니다.

강아지가 있었는데 나는 쫓아갔는데 모래에서 똥을 쌌습니다.

갯벌이 칠퍽칠퍽 한 것이 느껴졌고 민규랑 놀았습니다.

다음에는 갯벌에 물이 가득 했으면 좋겠습니다.

체험학습 첫날에 민규랑 같이 갯벌에 다녀왔구나!
갯벌에 물이 있으면 사람이 들어가기가 힘들텐데 상현아^^
선생님은 아직 갯벌에 가본적이 없어서 한번 가보고 싶어요

2016년 10월 24일 월요일

〈석모도 여행〉

학교 수련회에 참가하는 대신 체험학습 신청서를 내고 친구랑 가까운 곳으로 놀러 갔다. 갯벌 말고는 아무것도 없는 그 바닷가에서 두 친구는 긴 나뭇가지 하나를 주워 들고는 지루한 줄 모르고 해 질 녘까지 몇 시간을 놀았다. 항상 시간에 쫓겨 치료실과 복지관을 전전하는 아이들에게 정말 소중한 경험이었다. 이렇게 멍하니 아무것도 하지 않는 시간도 꼭 필요하다.

2016년 12월 12일 월요일

<원피스 필름 골드>

예술의전당에 있는 아이스링크에 갔습니다.

스케이트를 타는 것은 오랜만이었습니다.

오빈이랑 같이 타면서 신나게 놀았습니다.

사람들이 많이 없어서 오빈이랑 둘이 탔습니다.

점심을 먹고 이수 메가박스에서 '원피스 필름 골드'를 보러 갔습니다.

황금색 물은 동상이 되는 거고 바닷물은 원래대로 돌아오는 것입니다.

악당들이 싸우는 장면이 긴장되었습니다.

그리고 파티한 장면도 재미있었습니다.

체육, 방송댄스 시간에 한국왕 선생님께 크리스마스카드를 드렸더니

선생님이 기뻐하셨습니다.

또, 김선희 선생님께도 드렸는데 봉사자 선생님이 못난서 맡겼습니다.

선생님이 고맙다고 하셔서 행복했습니다.

선생님: 원피스 만화 특별판이 필름 골드니? 선생님도 상현이 카드 받고 너무 고맙고 행복했어. 선생님들께 일일이 카드 써 주는 상현이 정말 멋지다.

매년 10월 말이면 크리스마스카드를 주문하고 쓰기 시작한다. 정확히 세어 보지는 않았지만, 거의 100장 정도 쓰기 때문에 미리 준비하지 않

으면 날짜를 맞출 수가 없다. 카드를 받을 분들의 명단을 만들어 놓고, 하나하나 체크해 가며, 직접 전할 카드와 우편으로 부칠 카드를 구분한다. 카드를 받으시는 분들은 고맙다고 하시는데, 상현이가 카드를 쓰고 보내는 걸 이렇게 좋아하는데 받을 분이 없다면 그 또한 얼마나 속상하고 딱한 일이겠는가? 오히려 즐거운 마음으로 카드를 받아 주셔서 내가 진심으로 감사하다.

2017년 3월 4일 토요일

〈올겨울 마지막 스키 타는 날〉

오늘은 올겨울 마지막으로 스키 타러 갔습니다.

지산포레스트스키장에 갔는데 사람들이 많이 없고

슬로프가 슬러쉬랑 비슷했습니다.

저번에는 줄 선 사람들이 많았는데 지금은 적었습니다.

엄마가 휴식을 할 때는 나 혼자 리프트를 타고 스키를 탔습니다.

조금 언덕 같은 눈 언덕 모글이 있었는데 울퉁불퉁해도 재미있었고

롤러코스터랑 비슷했습니다.

올겨울에도 스키장에 또 가고 싶습니다.

선생님: 3월에도 스키장을 갔구나. 눈이 뽀송뽀송하지는 않았을 것 같아. 슬로프가 슬러쉬 같다는 건 물이 많았다는 건가? 모글은 언덕 이름이니? 굉장히 귀여운 이름이네.

겨울이면 아이랑 함께 가까운 스키장을 찾는다. 상현이는 리프트를 타고 올라가면서 혹시 야생동물들이라도 발견할까 기대하며 유심히 내려다보곤 한다. 눈이 녹아 듬성듬성 젖은 땅이 드러난 걸 보고 상현이가 초코케이크 같다고 했다. 그러고 보니, 정말 산 전체가 거대한 초코케이크같이 보였다.

2017년 3월 30일 목요일

<드림큐 사전교육>

종로장애인복지관에서 드림큐 사전교육을 했습니다.

종로장애인복지관에 간 것은 처음이었습니다.

표정 얼굴을 그리고 성폭력 연기를 했습니다.

그리고 이미지메이킹 시간에 얼굴을 화장했습니다.

다 끝나고 2층에 가고 싶었는데 시간이 없어서 속상했습니다.

서울별별여행에서 통인시장에 갔던 것이 기억났습니다.

다음 주에는 삼성 떡 프린스 하는 게 기대됐습니다.

선생님: 드림큐 첫 수업 어땠니? 상현이가 배운 게 많은 것 같아? 직업 생활할 때 필요한 부분을 배우는 건데 상현이한테 공부가 많이 되는 뜻깊은 시간이 됐으면 좋겠다.

직업에 대한 개념부터 직장 내 에티켓, 직장에서 일어나는 여러 사례를 가르쳐 주는 교육 프로그램에 참여했다. 첫날 수업은 직장 내에서 지켜야 할 기본적인 것들에 관한 것이었다. 장애가 있는 친구들도 나이와 유행과 문화에 맞게 깔끔하게 외모를 가꾸어야 한다며 이미지메이킹 하는 법을 알려 주셨다. 가끔 보면 분명 20대인데 50대의 옷을 입고 있거나, 그 반대로 성인인데도 아동복 같은 옷을 입고 있는 장애인 친구들이 있는데, 내 속이 다 상한다.

2017년 7월 13일 목요일

<나의 후회>

문현 고등학교 갈 준비를 하다가 핸드폰을 잠깐을 했는데 정민식 선생님께 뺏어 가버렸습니다.

학교 규칙을 위반을 해서 속상했습니다.

다음부터 안 하겠다고 했는데 돌려주지 않는다고 했습니다.

나는 혼자 버스를 탈 때 엄마한테 문자를 해야 해서 불안했습니다.

다음달에 돌려 준다고 해서 너무 아쉽고 속상했습니다.

다음부터는 학교 규칙을 더 잘 지켰으면 좋겠고 정민식 선생님께서 화가 풀렸으면 좋겠습니다.

수업시간에 핸드폰을 하지 않겠습니다.

정민식선생님께 화 많이 나신게 아니야~
선생님은 상현이가 속상한게 없어졌으면 좋겠는데^^ 너무 속상해하는 모습을 보니 선생님도 가슴이 아팠어.
그래도 이번일을 계기로써 상현이가 깨달는건 뭔지 선생님이 알고 싶다~
3일 동안 반청소 잘하고 친구들에게는 비밀로! 알지?^^

2017년 7월 13일 목요일

〈나의 후회〉

융통성이 없는 상현이가 1학년 때 수업 시간에 휴대전화를 보는 친구에게 하지 말라고 말하다가 그 친구가 핸드폰을 압수당한 일이 있었다. 그런데 이번엔 본인이 압수당했다. 휴대전화가 없는 며칠 동안 상현이는 이제껏 본 적 없는 세상 슬픈 표정을 하고 다녔는데, 그 모습이 얼마나 웃기던지……. 특수학급 선생님도 나와 똑같이 말씀하셔서 같이 웃었던 기억이 난다.

2017년 10월 30~31일 월~화요일

<커피 여행>

반포복지관에서 커피 여행을 했습니다.

터널을 지나갔는데 무지개가 있어서 신기했습니다.

커피박물관에서 핸드드립, 이브릭, 사이폰 등을 보고 커피나무를 봤는데

식물원이랑 같았습니다.

산에 단풍이 물들어서 색깔이 화려해졌습니다.

라카이샌드파인리조트에 간 것은 처음이었습니다.

리카이샌드파인리조트에 들어갔는데 깨끗하고 넓어서 좋았습니다.

그날 밤, 안목항에서 키쿠르스에 들어갔는데

계단이 길어서 멋있어 보였습니다.

다음 날 아침, 대관령 양떼목장에 갈 때 구불한 길이 있어서

재미있었습니다.

대관령 양떼목장에 간 것은 처음이었는데 잔디가 넓어서 좋았습니다.

내년 여름에 라카이샌드파인리조트에 있는 해변에 또 가고 싶습니다.

나는 바다에서 해가 올라오는 것을 처음 봤는데 붉은 공같이 생겼습니다.

선생님: 상현이 덕분에 선생님도 강원도의 좋은 풍경 볼 수 있어서 좋았어. 제일 좋았던 장소는 어디였니? 선생님이 예전에 갔을 때는 테라로사도 좋았고 안목해변도 바다가 정말 좋았던 것 같아.

복지관에서 엄마와 아이가 같이하는 바리스타 자격증반 프로그램이 있어서 참여했다. 수업도 받을 겸 다 같이 강릉에 커피 여행을 갔는데, 상현이는 처음으로 친구들과 편안하고 즐겁게 여행했다. 함께 참여한 엄마들도 이 기회로 더 친해져서 바리스타 자격증을 취득한 후에는 함께 일일카페도 열고 봉사활동도 했다. 모두 학생 시절로 돌아간 것 같다며 즐거운 마음으로 참여했다. 커피 맛도 잘 모르던 내가 아이 덕에 바리스타 자격증까지 얻었다.

2017년 11월 29일 수요일

<베어베터와 커피웍스 유니온>

기말고사 끝나고 베어베터에 갔습니다.

베어베터에 간 것은 처음이었습니다.

베어베터에서 면접을 봤습니다.

면접 선생님이 자기소개를 해보라고 했습니다.

저는 서울고 3학년이고요, 인사 잘하고, 책 보는 거 좋아하고, 그림 그리는 거 좋아하고, 친구들과 사이좋게 지낸다고 대답했습니다.

면접 끝나고 커피웍스 유니온에 갔습니다.

바리스타를 하러 갈때 커피웍스 유니온에 갔던 것이 기억났습니다.

엄마가 커피웍스 유니온에 간 것은 처음이었습니다.

다음에 면접을 보면 더 잘할수 있을것 같았습니다.

상현이 면접 연습 많이 했으니깐 잘 했을 것 같은데 아쉬움이 남나보네~
다음에 다른 곳에서 면접을 볼 기회가 있으면 잘 할 수 있을거야~
이 날 면접도 있었고 수료식도 있었고 바쁜 하루였지?
이제 2017년, 그리고 고등학교 생활을 마무리하면서 상현이가 앞으로 해야할 일,
바라는 일 모두 잘 됐으면 좋겠다~ 선생님도 응원해줄게!

2017년 11월 29일 수요일

<베어베터와 커피웍스유니온>

생애 첫 면접이었다. 면접에 합격하고 아이는 신나게 3주 실습 과정을 다녔는데, 최종 불합격했다. 이후에도 몇 번은 서류에서, 몇 번은 면접에서 불합격했다. 그 모든 과정이 상현이에게 좋은 경험이 되었다. 비장애 취업준비생들은 몇십 번씩 실패한다고 하는데, 거기에 비하면 이 정도는 애교지. 지금 취업을 준비하고 있는 발달장애 친구들이 몇 번 실패했다고 좌절하거나 포기하지 않기를 바란다. 그건 이 시대의 모든 청년이 겪는 흔한 일이다.

2017년 12월 2일 토요일

<바리스타 시험과 농구경기 관람>

커피MBA에서 바리스타 시험을 쳤습니다.

나는 차근차근 열심히 집중해서 커피를 했습니다.

CU 편의점에서 백종원 찐빵이 있어서 얼른 샀습니다.

그리고 서울별별여행에서 농구장에 갔습니다.

잠실농구장에 간 것은 처음이었습니다.

농구장에서 사람들이 응원하는 게 재미있었습니다.

농구장에는 사람들이 많고 복잡했습니다.

나중에 또 엄마랑 농구장에서 응원하고 싶습니다.

선생님: 커피MBA는 합정동에 있는 거니? 바리스타 시험은 잘 봤어? 상현이 작년부터 학교에서도, 반포복지관에서도 열심히 연습했으니깐 잘했을 것 같아. 안 그래도 이번 겨울방학 때는 농구경기 보러 가자고 선생님이 말하려고 했는데, 그렇게 할까? 상현이 생각은 어떻니?

아이와 함께 바리스타 시험 준비를 하면서 엄마들은 모두 아이들을 객관적으로 인정하게 되었다. 부정적인 측면을 말이다. 바리스타 교육은 엄마와 아이가 따로 교육받았는데, 어느 날 아이들 교육에 참관하면서 어쩌면 모르는 척 눈감고 싶었던 아이들의 부족함을 적나라하게 눈으로 확인하고 말았다. 한마디로 실력이 엉망진창이었다.

이대로는 도저히 안 될 것 같다고 생각한 엄마들이 아이들을 따로 연습시키기 시작했고, 그 열의는 대단했다. 그 결과 응시했던 아이들 다수가 자격증을 땄다. 지금도 엄마들을 만나면 가끔 그때를 떠올리며 흥분하곤 한다.

2018년 2월 6일 화요일

〈졸업식〉

서울고등학교에서 졸업을 했습니다.

나는 졸업하니까 서운하고 아쉬웠습니다.

가족들이 친구들에게 꽃다발을 줬습니다.

그리고 운동장에는 차들이 많았는데 주차장이랑 같았습니다.

나는 연지원 선생님께 작별 인사 하는 게 서운했습니다.

선생님들, 친구들과 함께 사진을 많이 찍었습니다.

서울고등학교에 갔는데 사람들이 많아서 복잡했습니다.

오늘부터 행복한 청년이 되고 어른스러워지고 싶었습니다.

엄마: 이제 졸업을 했으니까, 오늘부터는 엄마가 써 줄게. 엄마도 상현이만큼 서운하고 아쉬웠어. 그래도 상현아, 누구나 성인이 되면 고등학교를 졸업하고 새로운 세계에 도전하는 거야. 우리 이제 더 열심히 노력해서 멋진 청년 상현이가 되자! 이제 아기가 아니니까 아기처럼 행동해선 안 돼. 상현이 졸업 축하해. 사랑해, 아들. 기특하고 자랑스러워.

초등학교 입학식 날 나는 이날이 오기만을 기다렸는데, 이젠 정말 학교를 떠나기가 싫었다. 학생 때가 얼마나 좋았는지 모른다고 했던 선배 어머니들 말씀이 절절히 와닿고, 방법만 있다면 졸업을 미루고 싶었다.

학교를 떠난다는 것이 이렇게 두려울지 몰랐다. 아이를 세상 밖으로 내보내기가 무서웠다. 그간 열심히 학교도 다녔고, 앞날을 준비한다고 나름대로 최선을 다했지만 아무것도 준비된 것 같지 않았다.

며칠 뒤 3년 동안 동고동락한 특수학급 친구들과 우정 사진을 찍었다. 이제 더 입을 기회가 없을 서울고등학교 야구 점퍼를 입고 카메라 앞에서 다양한 포즈를 취했다. 나는 아직도 상현이의 추억이 묻어 있는 교복과 야구 점퍼를 서랍 깊은 곳에 간직하고 있다.

8장 그리고 우리에게 천천히 찾아온, 보통의 날

발달장애인들이 선택할 수 있는 직업군에는 분명 한계가 있지만, 그래도 요 몇 년 사이에 그 폭이 넓어지고 다양해진 것이 사실이다. 일반적으로 바리스타나 제과제빵, 주방보조, 사무보조, 사서보조, 청소노동 같은 직업을 택하는 경우가 많고, 악기 연주나 미술을 잘하는 친구들은 오케스트라나 디자인 관련 직군으로 나가기도 한다. 상현이도 직업 준비 과정을 거치며 여러 교육을 듣고 실습했는데, 아이가 사회에 나와보니 제일 중요한 건 그 업무를 할 수 있느냐 없느냐 하는 능력의 문제가 아니라 태도의 문제인 것 같다. 의사소통도 잘되고 사회성이 좋아도 거짓말을 하거나 폭력성을 보이거나 잔꾀를 내면 입사와 퇴사를 반복하게 된다. 잦은 입사와 퇴사는 다음번 입사에 좋지 않은 영향을 주니 취업을 좀 미루더라도 적성을 잘 파악하여 신중하게 결정해야 한다.

내가 들은 부모교육 가운데 정말 고개를 끄덕이며 공감한 말이 있다. 아이가 취업하고 몇 달이 지나면 힘들어하는 시기가 오는데, 그때를 잘 넘겨야 한다는 것이었다. 아이가 하는 일이 부모의 기대에 못 미치는 경우가 태반이다 보니 '내 귀한 아이에게 이런 일을 시킬 수 없다' '네가 돈 안 벌어도 되니 당장 그만둬라' 하며 부모가 나서서 아이를 퇴사시키는 경우를 많이 보았단다. 비장애인들도 첫 직장에 적응할 때 사표를 주머니에 넣고 다니며 힘든 시기를 견딘다며, 부모가 먼저 단단히 마음먹고 생각을 바꿔야 한다고 했다. 나도 하루하루 배우고 되새기며 마음의 준비를 해 나갔다.

고등학교 졸업을 앞두고 서울고등학교 특수학급 친구들은 대부분 B회사에 입사 지원을 했다. 서류심사와 면접에 합격하고 3주간 실습했는데, 최종 결과는 불합격이었다. 추운 겨울에 아이가 실습 다니는 것이 너무 안쓰러워 내가 일주일 정도 출퇴근을 함께하며 돌봐 준 것이 탈락의 첫 번째 이유였고, 아이가 직장을 학교나 복지관의 연장선으로 생각하는 것 같다는 것이 두 번째 이유였다. 나도 아이도 준비가 되지 않은 상태에서 친구들이 다 지원하니 부화뇌동하여 입사 시험을 본 셈이었다.

이후에는 동대문구 제기동에 있는 '서울발달장애인훈련센터'에 다니며 다양한 교육을 받았다. 그러다 필름 영화를 디지털 영화로 전환하는 과정에서 필요한 영화복원 교육을 받았다. 다소 지루할 수 있는 일이 상현이에게는 오히려 잘 맞았고, 나도 아이가 그 일을 하는 편이 좋겠다 싶었는데, 근로계약서까지 쓴 상황에서 회사 대표가 갑자기 잠적해 버렸다. 어처구니가 없었다. 사회에 첫발도 내딛기 전에 이게 무슨 일인가 황당했고, 장애 있는 아이들을 상대로 어떻게 이럴 수 있나 너무 화가 났다. 우리는 그렇게 사회는 학교와 정말 다르다는 것을 체험했다.

그 사건이 벌어지고 얼마 후에 훈련센터 센터장님께서 영화복원 작업과는 조금 다르지만, 비슷하게 컴퓨터로 작업하는 IT 회사에 영화복원 훈련생 열 명을 추천해 주셨다. 두 시간이 넘게 테스트를 받았고, 그 가운데 두 명만 3주간 실습할 기회를 얻었다. 그 결과 상현이만 인턴으로 합격했다.

3개월 인턴 과정을 거치는 동안 상현이는 잡코치의 도움 없이도 잘 해 주었고, 인턴 과정 기간을 다 마치기 전에 마침내 최종 합격 소식을 받았다. 상현이는 그렇게 학교를 졸업한 지 딱 1년 만인 2019년 2월에 어엿한 정규직 직장인이 되었다.

고등학교 졸업 후 1년간 숨 가쁘게 달려오면서 아이는 참 많이 성장했다. 나 역시 안 좋은 일이 때로는 더 좋은 결과를 가져다줄 수 있고, 쓴 경험이 거름이 되어 더 멋진 열매를 맺을 수 있다는 이치를 배웠다.

회사에서 상현이가 하는 일은 자동차 자율주행 관련 데이터 레이블링이다. 자동차가 알아서 주행하게 하려면 컴퓨터가 도로 사진 속 객체가 무엇인지 인식하고 정해진 도로로만 달리도록 해야 하는데, 상현이는 컴퓨터가 객체를 인식하도록 각 객체를 구분하여 박스 친 뒤 무엇이 어떤 객체인지 입력해 주는 작업을 하고 있다. 이 작업이 상현이는 컴퓨터 게임을 하듯 재미있다고 한다. 도로 사진도 어느 날은 중국, 어느 날은 독일, 캐나다로 다양하니 마치 여행하는 기분으로 일하는 듯하다.

집중력이 좋아 오류가 거의 없고, 요즘은 다른 직원이 작업한 것을 검수하는 업무도 병행하고 있다고 하니 신기하기만 하다. 입사 초에 대표님께서 상현이를 '해피 딜리버리'라고 부르셨다는데, 지금은 업무 면에서도 인정받고 회사에 도움이 되는 직원이 된 듯해 안심되고 대견하다. 최근에는 직업병이라고 해야 할지, 나와 차를 타고 이동하면서도 객체 구분을 하기도 한다. 아이 입에서 나오는 생소한 단어들이 마냥 신기하다.

늘 어릴 것만 같았던 아이가 어느새 직장인이 되어 주중이면 출근하고, 주말이면 본인이 좋아하는 영화를 보거나 전시회를 관람하며 평범한 날들을 보낸다. 한 치 앞도 보이지 않던 시절, 그때 내가 오늘의 이 평범한 날들을 감히 상상이나 했겠는가? 그저 우리에게 찾아온 오늘이라는 이 소박한 보통의 삶이 감사할 따름이다.

2018년 3월 19일 월요일

〈제주도 여행〉

김포공항에서 비행기를 탔는데 예전에 탔던 것이 기억났고
아슬아슬했습니다.
제주도에 도착했는데 처음이었고 아름다웠습니다.
제주도에서 렌트카를 탄 것은 오랜만이었습니다.
바다를 봤는데 경치가 좋고 바닷물 색깔이 파랬습니다.
바다에서 놀고 싶었는데 안개비가 와서 아쉬웠습니다.
그리고 만장굴에서 밑으로 들어갔는데
나무들이 많고 깊고 어둡고 빗방울들이 많고 울퉁불퉁했습니다.
만장굴에 들어갔는데 대피소랑 비슷했습니다.
모래사장에도 들어갔는데 퀵샌드랑 비슷했습니다.
나는 그중에서 만장굴이 마음에 들고 좋았습니다.

약간은 충동적으로 둘이서 당일치기 여행을 하고 싶어 제주도행 비행기를 탔다. 막상 제주에 도착하니 어디로 갈지 뭘 먹어야 할지 망설여졌는데, 상현이가 의논 상대가 되어 주고 결정도 해 주었다. 어느새 자라 내 옆에 든든히 서 있는 아이가 아주 대견했다. 궂은 날씨조차 운치 있게 느껴졌던 이유가 그 때문이리라.

2018년 4월 8일 일요일

<벚꽃 축제>

오랜만에 제2롯데월드에 갔습니다.
석촌호수에서 벚꽃들을 본 것은 처음이었는데
벚꽃들이 많고 사람들이 복잡했습니다.
놀이마당을 잠깐 보고 전망대에 갔습니다.
제2롯데월드 전망대에 간 것은 처음이었습니다.
창밖을 봤는데 산, 한강, 아파트, 지하철, 철도 등을 보니까
미니어처랑 비슷했고 남산타워 올라간 것이랑 비슷했습니다.
편의점에 갔는데 카드를 찍는 것도 신기했습니다.
석촌호수는 크고 넓어서 좋고 전망대도 좋았습니다.
나중에 또 제2롯데월드에 더 올라가고 싶습니다.
나는 랜드마크젤리를 샀는데 처음이었고 신기했습니다.

지금은 매일 아침저녁으로 출퇴근하는 익숙한 석촌호수길. 그 길에 벚꽃 구경을 갔다. 나도 아이도 느긋하게 석촌호수 길을 걸었다. 꽃잎만큼 많은 사람 속에서도 상현이는 튀지 않을 정도로 자연스러웠고 나는 긴장하지 않아도 되었다. 앞서 걷던 상현이가 돌아보며 환하게 웃음 짓던 모습이 지금도 내 기억에 선명히 남았다.

2018년 4월 19일 목요일

〈체육대회〉

오늘은 체육대회 날이었습니다.

일산직업능력개발원에 간 것은 처음이었고 서울장애인복지관이랑 비슷했고 오래된 느낌이 들었습니다.

체육관에서 체육대회를 시작했습니다.

먼저 공 던지기, 농구하기, 볼링 등을 많이 했습니다.

점심시간에 내가 좋아하는 불닭볶음이었습니다.

왜냐하면 나는 매운 음식을 좋아했기 때문이었습니다.

그리고 이어달리기를 하며 응원했습니다.

나는 열심히 잘해서 상품권을 받아서 행복했습니다.

나중에 엄마랑 일산직업능력개발원에 또 가고 싶습니다.

엄마: 상현이가 열심히 잘해서 상품권 주셨구나. 일산에서 상현이 혼자 옥수역까지 온 건 정말 훌륭했어. 이정표를 잘 보면 어디든 길 잃어버리지 않고 갈 수 있어.

훈련센터에 다니는 아이들의 연합체육대회였다. 출발은 제기동 센터에 모여서 함께했는데, 귀가는 개별로 한다는 소리에 행사가 끝나면 일산으로 데리러 가야 하나 어째야 하나 하고 아침부터 안절부절못했다. 혼자서도 지하철을 탈 수 있다는 상현이 말을 믿고 해 질 무렵 지하철역으로 마중 나갔다. 태연히 지하철에서 내리는 아이를 보니 눈물이 날 것 같았다. 지나친 염려증이다. 아이는 하루하루 성장해 가는데 정작 나는 그러지 못했다. 아이가 자립할 수 있도록 조금씩 손을 놓아 준다는 것이 나로서는 쉬운 일이 아니다. 용기가 필요한 일이다.

2018년 6월 13일 수요일

〈한강소풍(생일파티)〉

오랜만에 이수 아트나인에서 도시풍경을 봤는데 넓었습니다.

`에델과 어니스트'영화는 드라마 같은 영화였습니다.

처음 장면에는 에델과 어니스트는 결혼했고 새집을 꾸몄습니다.

그중에서 전쟁하는 장면이[에서] 조금 깜짝 놀랐습니다.

어린 소년 `레이몬드 브릭스'는[가] 기차를 타는게 슬펐습니다.

그리고 농장에 갔고 나중에 할아버지와 할머니가 되었습니다.

마지막 장면에는 에델과 어니스트가 돌아가셔서 매우 서운했습니다.

다 보고 나니까, 나는 새드 앤딩이어서 슬펐지만 괜찮았습니다.

나중에 엄마랑 한 번더 보고 싶습니다.

한강에서 맛있게 먹고 세빛섬에 한 바퀴 돌았습니다.

나는 정말 행복한(내)생일이었습니다.

상현아. 모든 사람은 다 똑같이 아기시절이 있고, 어린이, 청소년시기가 있고, 청년, 어른이 되고 중년을지나 노년을 맞이하고 마지막엔 죽는거야. 에델과 어니스트도 마찬가지이고 ...^ 죽는다고 해서 다 새드앤딩은 아니야 상현아^^

2018년 6월 13일 수요일

〈한강 소풍(생일파티)〉

이제는 〈에델과 어니스트〉처럼 잔잔한 영화의 스토리를 따라가며 공감하고 슬픔을 느끼고 표현하는 아이가 대견하기도 신기하기도 하다. 친구들과 영화를 보고 한강에서 생일파티를 하는 동안 입가에 미소가 가득한 상현이를 보며, '다른 세계를 보는 듯 멍하니 허공을 응시하며 무표정이었던 어린 상현이는 이제 네 안에 없구나……' 하고 생각했다.

2018년 8월 23일 수요일

〈제25회 꿈씨음악회〉

엄마랑 같이 롯데콘서트홀에 간 것은 처음이었습니다.

롯데콘서트홀에 들어갔는데 천장이 높고 파이프오르간이 있어서 멋있었습니다.

'캐리비안의 해적 OST', '모차르트', '슈타미츠' 등을 들었습니다.

그리고 마지막에는 '어머니의 은혜' 연주하는 것이 아름다웠습니다.

지휘자가 오빈이에게 칭찬을 해서 행복했습니다.

나는 꽃다발과 카드를 오빈이에게 주었습니다.

테라스에 나갔는데 도시 풍경이 미니어처 같고 구름이 멋졌습니다.

오늘은 고전음악 콘서트였습니다.

엄마: 오빈이 공연도 참 좋았고, 롯데콘서트홀도 멋졌지. 그리고 테라스에서 보는 하늘, 도시 풍경, 그리고 야경까지……. 정말 멋진 시간이었어. 오빈이랑 상현이랑 오래오래 좋은 친구로 지내면 좋겠다.

오빈이는 클라리넷 연주가를 꿈꾸는 상현이의 오래된 친구다. 오빈이 덕분에 우리는 심심치 않게 콘서트장을 찾는데, 이날은 오빈이 연주는 물론 날씨도 야경도 콘서트홀도 하나같이 멋져서 더 잊을 수 없는 추억으로 남았다. 자신의 소중한 꿈을 향해 성실히 노력하는 오빈이는 상현이와 내겐 이미 최고의 클라리넷 연주가다.

2018년 10월 25일 목요일

<일일카페>

오늘은 늘푸른교회에서 일일카페를 했습니다.

사람들이 커피를 마시러 왔습니다.

치즈케익, 머핀, 쿠키 등을 팔았습니다.

나는 초코머핀과 치즈케익 한 조각을 사서 먹었습니다.

그리고 와플을 먹고 선생님들이랑 같이 취향에서 점심을 먹었습니다.

재현이 형이 일일카페에 와서 만나서 반가웠습니다.

그리고 아줌마들도 만나서 반가웠습니다.

내년에도 다른 데서도 일일카페를 해 보고 싶습니다.

엄마: 일일카페, 참 즐거웠지? 엄마도 오랜만에 커피를 내리니까 재미있더라. 바쁘고 활기차고 재미있는 하루였어. 상현이도 오늘 수고했다.

몸담은 부모회 주관으로 일일카페를 열게 되었는데, 취업 전이었던 상현이를 집에 혼자 둘 수 없어서 함께 갔다. 연신 밀려드는 손님들로 정신이 없을 때 상현이가 에스프레소 추출을 도맡아 줘서 훨씬 수월했다. 받기에만 익숙한 아이가 이렇듯 행사에 도움을 줄 수 있는 오늘이 감사했다.

2019년 5월 14일 화요일

<연지원 선생님의 만나는 날>

충무 초등학교에서 연지원 선생님을 만났습니다.

충무 초등학교에 들어 간 것은 처음이였습니다.

찬영이도 만났고 새로운 선생님들께 인사했습니다.

다른 선생님들을 퇴근하시고 연지원 선생님과 같이 저녁을 먹으러 갔습니다.

나는 연지원 선생님께 꽃과 카드를 드렸습니다.

CJ 제일제당 빌딩 지하1층에 들어갔는데 크고 깨끗하고 넓어서 좋았습니다.

연지원 선생님을 만난것은 오랜만이였고 스승의 날 미리 축하 해드렸습니다.

내일은 스승의 날 입니다.

※ 스승의 날: 교사의 날은 교사의 노고에 감사하는 취지로 만들어진 날로 여러나라 에서 제정, 시행 되고 있으며 매년 10월 5일은 세계 교사의 날로 기념되고 있다.

연지원 선생님 만나서 좋았구나. 엄마도 좋았어 ^^ 연지원 선생님이 고등학교 시절 잘 가르쳐 주시고 이끌어 주셔서 상현이가 훌륭한 성인이 될수 있었던거 같다.
중학교때 양미순선생님도, 초등학교때 김준원 선생님, 유치원 윤꽃보라 선생님... 그외 여러 선생님들... 참고마우신 선생님들이야...

2019년 5월 14일 화요일

<연지원 선생님 만나는 날>

스승의 날이 가까워져 고등학교 다니는 3년 동안 학습지원실 담임 선생님이었던 연지원 선생님을 뵈러 갔다. 연지원 선생님은 상현이 학창시절의 마지막 선생님이었는데, 오늘의 상현이가 있기까지 선생님께서 정말 많이 수고해 주셨다. 선생님은 상현이의 가능성을 보시고 사회에 적응할 수 있도록 많이 도와주셨다. 11년 넘게 상현이를 등하교시키는 내게 이제는 상현이 스스로 통학할 수 있도록 하자며, 상현이를 믿으라고 하셨다. 선생님 덕에 용기를 냈다. 이제 상현이가 혼자서도 잘 다닌다고 하자, 외려 자신을 믿어 주셔서 감사하다고 하셨다. 엄마이기 때문에 아이에 대해 객관적인 판단이 서지 않을 때가 있는데, 그럴 때는 그냥 선생님을 믿고 따르는 것도 좋은 방법이다.

2019년 5월 19일 일요일

<가족미사>

엄마랑 같이 명동성당에 간 것은 오랜만이었습니다.

명동성당에서 가족미사를 했습니다.

나는 제1독서를 천천히 읽었는데 잘했다고 하셨습니다.

엄마는 '당신을 향한 노래'를 불렀는데 엉망이 되어서 웃겼습니다.

미사가 끝나고 점심을 맛있게 먹고 사진을 많이 찍었습니다.

나중에는 엄마가 노래를 더 잘했으면 좋겠습니다.

오늘은 봄비가 내리는 즐겁고 행복한 날이었습니다.

※2019년 5월 19일 제1독서-사도행전 14, 21ㄴ-27

엄마: 상현이가 오늘 가족미사에서 제1독서를 너무너무 훌륭하게 읽어 줘서 얼마나 기특하고 자랑스러운지 몰라. 처음에 연습할 때는 제1독서 내용이 어려웠지? 그런데 일주일 동안 많이 반복해서 연습하니까 어렵지도 않고 그렇게 잘할 수 있었던 거야. 상현아 뭐든 그런 거야. 잘 모를 때는 어렵고 자신도 없지만 익숙해지도록 연습하고 미리 준비하면 뭐든 잘할 수 있어. 우리 상현이 사랑해! 이 세상에서 제일 많이.

일 년에 한 번 있는 명동성당 발달장애인 가족미사에서 영광스럽게도 상현이가 제1독서를 하게 되었다. 상현이가 읽어야 하는 제1독서의 내용이 얼마나 어려운지 처음에는 당황스럽기까지 했는데, 일주일 동안 스스로 내용을 옮겨 적어 보고 띄어 읽을 곳을 표시하고, 아침저녁으로 반복해서 읽기 연습을 하더니 그 어려운 단어들이 어느새 익숙해지고 자연스럽게 입에서 흘러나왔다. 반복과 연습의 힘은 실로 엄청남을 새삼 느꼈다. 명동성당을 꽉 메운 그 많은 사람 앞에서도 상현이는 정말 잘해 주었다. 그날 별일 아닌 듯 아이에게 힘내라고, 잘할 수 있다고 말했지만, 사실 나는 아이보다 훨씬 더 많이 긴장하고 떨고 있었다.

2020년 1월 19일 일요일

〈툴루즈 로트렉 전시회〉

엄마랑 같이 오랜만에 예술의전당에서 '툴레즈 로트랙'을 봤습니다.

캉캉 음악이 가장 멋있었고 풍차, 도시 간판을 보고 슬라이드 영사기를

본 것은 처음이었고 신기했습니다.

그리고 책, 초상화, 포스터 등을 봤는데 화려했습니다.

캉캉 무용수 그림도 화려해서 좋았습니다.

역사 영상을 봤는데 돌아가셔서 너무 슬펐습니다.

'모네에서 세잔까지' 전시회도 보고 싶었는데 집에 가야 해서 아쉬웠지만

다음에 가기로 했습니다.

오늘은 툴루즈 로트렉의 156주년 기념 전시회였습니다.

엄마: 툴루즈 로트렉의 다큐를 보는데, 엄마는 눈물이 났어. 얼마나 외롭고 고독했을까 하는 생각이 들어서. 로트렉은 자신의 외로움을 그림으로 승화한 것 같아. 그림으로 본인의 감정을 풀고 쏟아내는 것은 참 좋은 방법이야. 아……. 엄마도 그림 그리고 싶다.

자폐인 관련 부모교육을 듣다 보면 여기저기서 훌쩍거리는 소리가 들리는 게 다반사인데 나는 동요하지도 울지도 않는 엄마다. 어렸을 때는 별명이 수도꼭지였을 만큼 눈물이 많았는데 어느 날부터 울지 않게 되

었다. 그런 내가 그날 로트렉 전시관에서 상영하는 짧은 다큐멘터리 영화를 보다가 주체할 수 없는 감정에 복받쳐 한참을 흐느껴 울었다. 그 사람 많은 전시장에서 남의 시선에도 아랑곳하지 않고 그렇게 울었다. 유쾌함 뒤에 숨겨 둔, 장애로 인한 화가의 번민이 고스란히 느껴졌고, 가슴이 미어지게 아팠다. 동시에, 본인의 장애를 완벽히 인지하지 못하는 상현이가 더 행복한 건지, 그 반대인 건지 머릿속이 뒤죽박죽 엉켜 버렸고 가슴에 무거운 돌덩어리를 품은 듯 퉁퉁 부은 눈으로 전시장을 빠져나왔다.

2020년 3월 8일 일요일

<올림픽 공원 산책>

엄마한테 올림픽 프라자상가를 안내해 준것은 처음이였습니다.

예전에 선생님과 친구들이랑 같이 2층에서 밥 먹었던 것이 기억 났습니다.

올림픽 공원에서 몽촌토성 길에 산책했는데 도시 풍경이 좋고 자연풍경도 좋았습니다.

산책 하는 도중에 갑자기 개가 고양이를 쫓아가는 것을 본 것은 처음이었는데 만화의 한 장면 같았습니다.

은행 나무가 단풍이 들면 나중에 또 가기로 했습니다.

오늘은 행복한 올림픽공원의 추억이였습니다.

엄마도 오늘 상현이와 같이 몽촌토성 둘레길 산책해서 너무 행복했어~
도심 한복판에 그렇게 넓은 잔디밭이 있고 소나무가 있고...
또 멀리는 제2롯데월드와 고층빌딩들이 보이고~
올림픽공원 참 멋진거 같아. 봄에 새싹이 돋을때도 가고 상현이 말처럼
가을에 단풍들면 또 가자 상현아~ 사랑해 ♡

2020년 3월 8일 일요일

<올림픽공원 산책>

전부터 몽촌토성에 같이 가자고 해서 그러마 하고는 약속을 지키지 못하다가 시간을 내어 가게 됐다. 나는 초행길이었는데 상현이는 학교에서 몇 번 왔던 터라 신이 나서 구석구석 안내해 주고 설명해 주었다. 마음에 드는 장소여서 나한테도 소개해 주고 싶었던가 보다. 상현이는 일기 끝에 "다음에 엄마랑 오고 싶습니다"라고 자주 쓰는데, 그냥 습관적으로 하는 말이 아니라 진심이었던 것이다.

이것뿐만 아니라 상현이가 하는 말은 모두 진심이다. 그런 맘도 모르고 약속만 하고는 계속 미루기만 했던 게 내심 미안했다. 이제 상현이는 내가 아는 만큼의 아이가 아님을 느낀다. 내가 보지 못한 학교생활, 복지관 활동들, 그 외에 오가며 보고 배운 것들이 상현이 속에 있다. 그렇게 조금씩 조금씩 어른이 되어 가고 있다.

에필로그

고등학교 졸업과 취업이 또 다른 시작임을 느낄 무렵 성인 발달장애인 부모를 대상으로 하는 교육을 받았다. 교육 내용 중 아이의 생애 포트폴리오를 준비하는 것이 좋다는 말에 상현이만의 포트폴리오를 만들어야겠다고 막연히 생각한 것이 이 책의 시작이다.

발달장애가 있는 우리 아이들의 포트폴리오는 다른 그것과는 다르다. 내 뒤를 이어 아이를 보살펴 줄 그 누군가에게 전하는 부탁의 편지와도 같다. 재미있는 에피소드를 전하며 "보시기에 우리 상현이가 지금은 아저씨 같지만 어릴 때는 이렇게 엄청 귀여웠어요. 이렇게 엉뚱한 장난꾸러기였답니다" 하고 이야기해 주고 싶다. "햇볕 알레르기가 있어서 햇볕이 강해지는 6월 즈음이면 목과 팔다리에 선크림을 발라 주어야 해요"라는 정보도 드려야 하고, 책을 좋아하고, 영화도 좋아하고, 그림 그리기도 좋아하고, 천둥 번개를 유난히 무서워하고……. 이 글을 보고 나면 그 고마운 누군가가 우리 상현이를 조금은 더 고운 마음으로 봐 주지 않을까? 조금은 더 수월하게 아이와 지낼 수 있지 않을까? 간절한 마음에서 기억을 더듬고, 아이의 일기를 다시 읽어 나갔다.

상현이가 지금 다니는 회사에 훈련생으로 첫 출근을 한 것은 가을 즈음이다. 훈련 과정과 인턴 기간을 거쳐 다음 해 2월에 정직원이 되었다. 그러니까 이 책이 세상에 나올 즈음이면 입사한 지 만 2년이 되는 셈이다.

처음 입사할 당시에는 사회 용어가 익숙지 않아 선임님도 실장님도 다 선생님으로 불렀다고 한다. 회사에는 상현이에게 업무와 회사 생활에 대해 가르쳐 주는 사수 격인 ○○○ 선임님이 있다. 하루는 누가 "우리 회사 대표님 성함이 뭐예요?" 하고 물었는데 상현이가 "○○○ 님입니다"라고 자신 있게 답했다고 한다. 낯선 회사 분위기 속에서 자기를 가장 잘 챙겨 주시고 의지가 되니 회사의 대표님이라고 생각했던 모양이다. 그 자리에 계셨던 모든 분이 박장대소했고, 이후로 그 선임님은 한동안 동료들에게 '○○○ 대표님'이라고 불려야 했단다. 그 이야기를 들으며 나는 안도했다. 아이의 실수도 웃음으로 받아 주시는 분들이라면…….

회사는 학교와는 다르니까 자주 찾아갈 수도 없고, 궁금한 점이 있어도 전화하기가 조심스럽다. 그저 아이를 믿고 무소식이 희소식이려니 생각하는 수밖에. 보지 않아도 좌충우돌 수없이 실수하면서 배우는 일이 반복되었을 테지. 그렇게 그렇게 오늘이 왔다. 다르게 말하면 상현이가 스스로 해낸 것이다. 그런 상현이가 고맙고 기특하고, 모두에게 감사하다.

지금은 평생교육의 시대다. 여든이 넘으신 친정아버지께서도 복지관에 영어와 중국어를 배우러 다니신다. 상현이 역시 진행형이다. 발음이 어눌해서 큰 소리로 따라 읽기도 시켜야 하고, 농담을 곧이곧대로 이해하니 관용구와 속담도 가르쳐야 한다. 어렸을 때 이유를 말하는 법을 배웠을 때처럼 관용구나 속담도 친숙한 예문을 같이 만들어 지금도 연습한다.

언젠가 "이번 주에는 엄마 혼자 영화 보러 가야겠다"고 했더니, 자기 눈앞이 캄캄하고 귀를 의심한단다. 연습한 대로다. 처음에는 어색해도 자꾸 말하다 보면 이 또한 자연스러워진다. 우리 아이들은 이렇게 농담도 가르쳐야 안다.

여전히 사회성이 부족해서 돌발 상황에 대처하는 능력도 부족하다. 주말에 같이 다녀 보면, 아직도 예기치 않은 일이 생기고 그때마다 알려 주어야 할 것들이 너무 많다. 혼자서 대처하지 못하는 경우가 생기면 주변에 도움을 요청하는 법도 가르쳐야 한다. 고등학교 때 수업 시간에 휴대전화하는 친구를 일러 버렸던 때처럼 본인이 옳다고 해도 때로는 그냥 좀 모른 척해 주는 눈치도 가르쳐야 한다.

이렇듯 상현이는 걸어온 길보다 앞으로 갈 길이 먼, 이제 겨우 20대 초반의 청년이다. 나는 상현이가 미리 걱정하고 두려워하기보다 꼼꼼히 준비하고 도전하는 청년이길 바란다. 인생의 긴 마라톤에서 선두그룹을 좇아가기보다 본인의 페이스대로 그 과정을 충분히 즐기며 완주할 수 있길 바란다.

이 책의 주인공인 상현이와 친구들. 그리고 오늘 하루도 어딘가에서 긴장하며 보냈을, 오래 보고 자세히 보아야 예쁜, 보이는 것보다 보이지 않은 것이 더 예쁜 우리 발달장애인들……. 그들의 삶이 이름 모를 들꽃이라 해도 각자의 씨앗이 자리 잡은 그곳에서 평범하고 소박한 행복을 누릴 수 있길 나는 간절히 기도하고 응원한다.

2019년 12월, 코로나바이러스 감염증-19가 창궐했다. 처음에는 이러다 말겠지, 요즘같이 의학이 발달한 시대에 백신이 금방 개발되겠지 했다. 조금은 간과했고, 강 건너 불구경하듯 하다가, 시간이 지날수록 점차 불안해지더니 점점 하루하루가 두려운 지경에 이르렀다. 학교에서는 비대면수업을 하고 직장인들이 재택근무를 한다. 이 상황에서도 상현이는 마스크를 쓰고 한여름에도 땀을 뻘뻘 흘리면서 성실히 출퇴근했다. 그리고 퇴근할 때 전화로 꼭 물어본다. “엄마, 코로나 종식되었어요?” 다음 날도, 또 그다음 날도. “그래, 상현아. 이제 괜찮아” 하고 속 시원하게 대답해 줄 수 있는 날이 하루빨리 오길. 우리 모두 바라지만 쉽지 않은 일인가 보다.

문득 그런 생각을 했다. 20여 년 전 아이의 장애를 몸부림치게 거부하고 싶었지만 결국 그렇게 받아들일 수밖에 없었고, 그 속에서 길을 찾았듯, 오늘날 누구도 원치 않았는데 와 버린, 우리 모두 처음 경험하는 이 혼돈의 시대도 무사히 지나갈 때까지 그저 하루하루 뚜벅뚜벅 걸어가야겠다고.

2000년 초겨울 짙은 안갯속에서 길을 잃은 내게

뭐가 뭔지, 도대체 어디서부터 잘못된 건지, 이제 어떻게 해야 하는 건지……. 짙은 안갯속에서 어디가 낭떠러지고 어디가 길인지 한 치 앞도 보이지 않아 마냥 두렵기만 했던, 쉴 새 없이 눈물만 흘리던 그 시절의 나를 나는 기억한다. 그해 겨울은 혹독하게 추웠고, 황량했고, 가위에 눌린 듯한 하루하루를 보냈다.

젬마, 왜 하필 너에게 이런 일이 생겼을까? 하늘이 원망스럽고, 세상이 싫고, 이 모든 게 네 잘못인 것 같아서 미안하고, 숨 쉬는 게 고통스러울 정도로 많이 아프지? 말같이 쉬운 일은 아니지만, 누구의 잘못도 아니니 자책하지도, 원망하지도 마. 그리고 무엇보다 오래 아파하지 마. 깊은 밤, 생각하고 또 생각하면서 괴로움 속에 새벽을 맞지도 말고, 아무리 묻고 또 물어도 다시 제자리인 뫼비우스의 띠 같은, 어리석은 네 안의 질문들에 너무 깊이 고민하지도 마.

다시 오지 않을 그 아까운 시간을 그렇게 흘려보내지 마. 살아 보니까 알겠어. 그냥 그렇게 되어 버린 것이더라고. 지금 네 옆에서 곤히 자고 있을 우리 상현이는 누구보다 반듯하고 사랑이 가득한 성실한 청년으로 자라서 엄마의 둘도 없는 듬직한 친구가 되어 줄 거야. 상현이를, 그리고 너 자신을 믿어.

지금은 인생이 끝난 것 같고 앞으로는 영원히 행복한 순간은 다시 없을 것 같지만, 절대 그렇지 않아. 상현이는 네게 많은 웃음과 작은 성취감과 소박한 행복을 선물할 거야. 너는 상현이를 통해 더 깊이 생각하고 더 많이 고민하고 이해하며, 사람을 볼 때 겉모습보다 그 속에 담긴 아름다움을 볼 줄 아는, 최소한 그러려고 노력하는 사람이 될 거야. 발달장애인들을 오래 보다 보면 알 수 있거든. 보이는 것보다 보이지 않는 것이 얼마나 영롱할 수 있는지, 그 맑은 영혼들이 얼마나 사랑스러운지를.

그때는 아무리 알고 싶어도 알지 못하고, 보고 싶어도 보이지 않던, 시간이 이만큼 흘러 되돌아보니 보이는 것들을 이야기해 주고 싶어.

젬마, 상현이의 장애는 상현이의 전부가 아니야. 지금은 마음이 황망하여 상현이에게 장애가 있다는 사실이 너를 짓누르지만, 장애를 빼고 상현이를 자세히 들여다봐. 얼마나 장점이 많고 사랑스러운 아이인지를. 마찬가지로 너에게서, 또 우리의 가정에서 상현이의 장애는 작은 부분일 뿐이야. 그 일부 때문에 너를, 너의 소중한 가정을 먹구름 속에 가두지 않았으면 해.

그리고 상현이의 부족한 부분을 객관적으로 보고 정확하게 파악해야 해. 인정하고 받아들여. 상현이를 있는 그대로 사랑하고 현실적인 노력을 하자. 사실 아이들 양육은 장애가 있든 없든 기본은 똑같지. 그런데 재현이 앞에서는 말 한마디 행동 하나도 조심하면서, 상현이 앞에서는 그러지 못했던 것 같아. 상현이 앞에서는 한숨도 많이 쉬고, 심지어 울기도 했어. 예민한 아이가 그럴 때마다 자기 때문인가 하고 얼마나 불안했을까?

표현이 서툴다고 해서 감정도 서툰 건 아니야. 아이 앞에서는 말 한마디도 조심하고, 사람들 앞에서는 혼내지 말고, 평가도 하지 마. 특히 의사 선생님이나 치료사 선생님들과 상담할 때도 아이가 없는 데서 해 줘. 그 녀석, 다 듣고 다 느끼고 있었더라고. 아직 어리고 부족한 아이이지만 재현이에게 하듯 하나의 인격체로 대해 줘. 상현이의 자존감을 지켜 줘.

상현이는 고집도 힘도 세고, 사회성이 부족해서 돌발 행동도 많으니 더 힘들지? 지금은 아직 어려서 통제할 수 있지만, 자랄수록 힘도 세지고 나쁜 행동들이 고착될 수 있으니 한 살이라도 어릴 때 빨리 수정해 줘야 해. 쉽지 않은 일이지만 꼭 해야 할 일이야.

성인이 된 상현이가 스스로 행동을 통제할 수 없다고 생각해 봐. 사람들이 얼마나 위협적으로 느끼겠어? 특히 본인을 위험하게 하는 행동이나 타인을 위험에 빠뜨리는 행동은 새싹일 때 뿌리째 뽑아야 해. 단호하게 말이야. 아직 어리다고, 안쓰러워서 그냥저냥 오냐오냐 넘어가다가 나중에 정말 손 쓸 수 없는 상황이 되는 경우를 적잖이 봤어. 상현이 미래를 위해서니까 이건 꼭 부탁할게.

학습을 시키다 보면, 마음 같지 않을 때가 많을 거야. 다른 아이들과 절대 비교하지 말고 나이나 학년에도 연연하지 말고 상현이 속도에 맞춰서 천천히 가면 돼. 열 번 해서 안 되면 백 번 하지 뭐. 그러다 도저히 넘을 수 없는 큰 벽에 부딪히면 방법을 바꿔 돌아가고, 그러다 너무 지치면 쉬어 가면 돼. 한참을 쉬었다가 다시 해 보면 의외로 잘 따라오기도 하거든. 그럴 때는 아주 많이 칭찬해 줘. 발달장애 아이들이 학습하는 까닭은 학교 공부를 위해서도, 시험을 잘 보기 위해서도 아니야. 새로운 내용을 보고 뇌 자극을 받고 생각하는 훈련을 하고 사고를 확장시키기 위해서야. 그러니 조급하게 생각하지 말고 포기하지도 말고, 천천히 꾸준히 노력하자.

상현이를 키우다 보면 사람들의 시선에 힘든 상황이 자주 생길 거야. 상현이의 말투와 행동들이 사람들의 이목을 끌 테고. 그 불편한 시선들은 모두 엄마가 감당할 몫이지. 젬마, 그래도 주눅 들지 마! 덤덤히 받아들이고 당당하게 행동해.

아이가 실수하면 진심으로 사과하고, 본의 아니게 사고를 치면 차분히 수습하면 되는 거야. 네가 주눅 들고 창피해하면, 엄마가 이 세상 전부인 상현이는 영문도 모른 채 눈치 보고 죄의식을 느낄지도 몰라. 그리고 세상은 생각보다 차갑지 않더라. 좋은 사람이 더 많은 세상이야.

그렇게 뚜벅뚜벅 하루하루 살다가 감당할 수 없이 힘든 날이 오면, 힘들다고 말하고 표현해. 주위 사람들에게 조금 힘을 나누어 달라고 도움을 청해. 말하지 않으면 모르더라고. 당연히 알 것 같은 남편도 부모님도 가족도 말이야.

마지막으로, 젬마야. 아무리 힘들어도 너 자신을 놓지 마. 누구의 아내, 누구의 엄마이기 전에 넌 너 그대로 소중한 사람이야. 지난 삼십 년 네가 부모님께 받은 사랑과 행복한 기억들이 앞으로도 든든한 버팀목이 되어 줄 거야. 너 자신을 아끼고, 몸도 마음도 항상 건강하고 예쁘게 가꾸며, 뭘 할 때 가장 행복한지를 찾아 스스로 행복해지자. 네가 얼마나 소중하고 귀한 사람인지 시간이 지나면 알게 될 거야.

참 기특하고 대견한 2000년의 이진희 젬마! 이제 그만 아파하고 일어나 씩씩하게 나아가자.

만나서 반가웠다, 2000년의 나.

2021년 새봄을 기다리는 내가

아임 파인—자폐인 아들의 일기장을 읽다

1판 1쇄 2021년 3월 8일
1판 2쇄 2022년 4월 20일

글쓴이 이진희, 김상현
펴낸이 조재은
편집 김원영 김명옥
디자인 슬로우페이퍼, 육수정
마케팅 조희정 유현재

펴낸곳 (주)양철북출판사
등록 2001년 11월 21일 제25100-2002-380호
주소 서울시 양산로91 리드원센터 1303호
전화 02-335-6407
팩스 0505-335-6408
전자우편 tindrum@tindrum.co.kr

ISBN 978-89-6372-347-1 03590
값 15,000원